河南茶树地方种质资源
图　　集

江昌俊　袁红雨　潘宇婷　李冬花　著

科学出版社
北　京

内 容 简 介

本书对36种类型119份河南茶树地方种质资源的植株、成熟叶片、春梢芽叶、花、果和种子等38个表型性状进行了观测和描述,并对它们的茶多酚、氨基酸、咖啡碱和水浸出物的含量进行了检测分析,每份资源配有春梢、春季植株、秋梢、秋季植株和花的原色图片,以及成熟叶片标本的图片。

本书内容丰富、资料翔实、数据可靠、图文并茂,为我国茶树种质资源的创新利用和资源保护,以及品种选育提供了重要基础资料,可供广大茶叶科技工作者、从事茶叶生产的农业技术人员、农业院校茶学及相关专业的师生阅读参考。

图书在版编目(CIP)数据

河南茶树地方种质资源图集 / 江昌俊等著. —北京:科学出版社,2020.12

ISBN 978-7-03-067088-5

Ⅰ.①河… Ⅱ.①江… Ⅲ.①茶树－种质资源－河南－图集 Ⅳ.①S571.102.4-64

中国版本图书馆CIP数据核字(2020)第239592号

责任编辑:李秀伟 / 责任校对:郑金红
责任印制:肖 兴 / 封面设计:金舵手世纪

科 学 出 版 社 出版
北京东黄城根北街16号
邮政编码:100717
http://www.sciencep.com

北京汇瑞嘉合文化发展有限公司 印刷
科学出版社发行 各地新华书店经销

*

2020年12月第 一 版 开本:720×1000 1/16
2020年12月第一次印刷 印张:21
字数:423 000

定价:298.00元
(如有印装质量问题,我社负责调换)

序 FOREWORD

  茶树种质资源是茶产业可持续发展的重要物质基础，对品种创新、茶产业结构调整、高产优质高效茶园建设具有十分重要的意义。河南省是我国江北主要产茶区，产茶历史悠久，茶树多集中在河南省南部的信阳、南阳等地。该区域处于亚热带－暖温带，是我国南北气候的过渡带，在全国茶产业中有特殊的地位。东周时期茶树传入河南后，由于气候和自然环境与南方差异很大，在长期自然驯化和人工选择过程中，形成了许许多多类型，是我国茶树的天然基因库。

  江昌俊教授长期从事茶学领域的教学和研究工作，尤其是对茶树种质资源有很深的研究，他是全国高等农业院校"十五"规划教材、普通高等教育"十一五"国家级规划教材和农业部（现为农业农村部）"十三五"规划教材《茶树育种学》第一版、第二版和第三版的主编，主持育成国家级茶树品种2个、省级茶树品种3个。江昌俊教授曾担任全国农作物品种审定委员会常务理事，现为信阳师范学院茶学院院长、河南省茶树生物学重点实验室主任，他带领研究团队于2016～2019年对河南茶树地方种质资源进行了全面考察和研究，得到119份不同类型种质资源。在对这些种质资源的表型特征、特征性生化成分和分子生物学进行深入研究的基础上，撰写了专著《河南茶树地方种质资源图集》。专著内容丰富、资料翔实、数据可靠、图文并茂，得到同行专家高度评价，为我国茶树资源的创新利用、资源保护和品种选育提供了重要基础资料，为广大茶叶科技工作者、从事茶叶生产的农业技术人员，以及农业院校茶学及相关专业的师生提供了重要的参阅文献。

  昌俊教授托我写序，由于对茶学研究不多，寥寥数语，不足以道出该书的精要，是为序。

信阳师范学院党委书记 宋争辉

2020 年 1 月

前　言　PREFACE

　　中国是茶树原产地，是最早发现和利用茶树的国家。茶树种质资源是在漫长的历史过程中，由自然进化和人工创造而形成的一种重要的自然资源，它积累了极其丰富的遗传变异，蕴藏着各种性状的遗传基因，是人类用以选育茶树新品种和发展茶叶生产的物质基础，也是进行生物学研究的重要材料，是极其宝贵的自然财富，各产茶国都十分重视茶树种质资源的收集和研究。

　　栽培茶树从野生茶树演化而来，在不同的生态环境下通过自然选择和人工选择，形成许多地方群体种。地方群体种经过人工有目的地选育，又育成了很多经济性状优良的无性系品种。茶树种质资源中一些优良基因的开发和利用，使产量、品质、抗逆性等取得突破性进展。但是，随着茶园基本建设的推进、耕作栽培体系的改变和茶树保护技术的提高等，大面积的环境差异不断缩小。特别是随着少数遗传上有关联的优良品种大面积推广，许多具有独特抗性和其他特点的地方品种逐渐被淘汰，非经济性状优异种质流失，导致不少改良品种的遗传单一化。为了很好地保存和利用自然界资源的多样性，丰富和充实育种工作和科学研究的物质基础，种质资源工作的首要环节和迫切任务是广泛发掘、收集和研究种质资源。

　　目前，中国有 20 个产茶省（自治区、直辖市），1000 多个产茶县（市）。2018 年，中国茶园总面积达到 305 万 hm^2，干毛茶总产量 267 万 t，茶园总面积和干毛茶总产量均居世界第一。河南省茶区主要分布在豫南的大别山、桐柏山，属于江北茶区，茶园面积 16 万 hm^2，干毛茶总产量 6.7 万 t，均位居全国产茶省（自治区、直辖市）第 10 位，是我国绿茶主要产区之一。

　　河南省种茶历史悠久，唐代陆羽《茶经》将信阳归为八大茶区中的淮南茶区。河南茶区位于我国南北气候的过渡带，是南茶北移的过渡区，与其他茶区相比，这里气温偏低，积温少，年平均温度在 15℃左右，极端低温在 -10℃左右，冬季有冻害。年降水量 1000mm 左右，四季降水不均，冬旱较严重。茶树在进化过程中，形成了与生态环境相适应的灌木型中小叶群体种，在这些丰富的地方品种中，蕴藏着江北茶区特有的抵御环境胁迫的优异

前　言 P R E F A C E

　　中国是茶树原产地，是最早发现和利用茶树的国家。茶树种质资源是在漫长的历史过程中，由自然进化和人工创造而形成的一种重要的自然资源，它积累了极其丰富的遗传变异，蕴藏着各种性状的遗传基因，是人类用以选育茶树新品种和发展茶叶生产的物质基础，也是进行生物学研究的重要材料，是极其宝贵的自然财富，各产茶国都十分重视茶树种质资源的收集和研究。

　　栽培茶树从野生茶树演化而来，在不同的生态环境下通过自然选择和人工选择，形成许多地方群体种。地方群体种经过人工有目的地选育，又育成了很多经济性状优良的无性系品种。茶树种质资源中一些优异基因的开发和利用，使产量、品质、抗逆性等取得突破性进展。但是，随着茶园基本建设的推进、耕作栽培体系的改变和茶树保护技术的提高等，大面积的环境差异不断缩小。特别是随着少数遗传上有关联的优良品种大面积推广，许多具有独特抗性和其他特点的地方品种逐渐被淘汰，非经济性状优异种质流失，导致不少改良品种的遗传单一化。为了很好地保存和利用自然界资源的多样性，丰富和充实育种工作和科学研究的物质基础，种质资源工作的首要环节和迫切任务是广泛发掘、收集和研究种质资源。

　　目前，中国有 20 个产茶省（自治区、直辖市），1000 多个产茶县（市）。2018 年，中国茶园总面积达到 305 万 hm²，干毛茶总产量 267 万 t，茶园总面积和干毛茶总产量均居世界第一。河南省茶区主要分布在豫南的大别山、桐柏山，属于江北茶区，茶园面积 16 万 hm²，干毛茶总产量 6.7 万 t，均位居全国产茶省（自治区、直辖市）第 10 位，是我国绿茶主要产区之一。

　　河南省种茶历史悠久，唐代陆羽《茶经》将信阳归为八大茶区中的淮南茶区。河南茶区位于我国南北气候的过渡带，是南茶北移的过渡区，与其他茶区相比，这里气温偏低，积温少，年平均温度在 15℃左右，极端低温在 -10℃左右，冬季有冻害。年降水量 1000mm 左右，四季降水不均，冬旱较严重。茶树在进化过程中，形成了与生态环境相适应的灌木型中小叶群体种，在这些丰富的地方品种中，蕴藏着江北茶区特有的抵御环境胁迫的优异基因，是世界茶树种质资源的基因宝库。

河南茶树地方种质资源研究课题组于2016～2019年对河南信阳市浉河区、平桥区、罗山县、光山县、新县、商城县、固始县、潢川县和南阳市桐柏县等县（区）地方种质资源进行了寻访、考察，采集了119份36种不同类型的资源样品，对119份资源的38个表型性状进行了观测和描述，对它们的特征性生化成分、分子水平遗传多样性及亲缘关系进行了检测和分析，筛选出13份优异种质资源。

在考察和采集样品过程中，信阳市茶叶流通协会、桐柏县茶产业办公室、商城县茶产业办公室、信阳市茶叶试验站、河南省静心茶业有限公司、光山县净居寺茶场、信阳其鹏有机茗茶场、信阳市浉河区浉河港镇西河茶场、信阳市灵山中垱茶场、信阳市震雷山茶叶试验站、罗山县亿峰生态林业开发有限责任公司，以及安徽农业大学茶树生物学与资源利用国家重点实验室班秋艳、潘铖、金瑶、刘亚芹、孙琪璐、汪忠杰、吴骏琪，信阳市茶叶流通协会夏国宗和信阳师范学院袁正仿等提供了大力支持和热情帮助。此外，本书部分研究内容得到了河南省教育厅高等教育教学改革研究与实践重点项目"地方应用型本科高校茶学专业创新人才培养模式研究（2017SJGLX092）"资金资助，在此一并表示衷心的感谢。

江昌俊参加了本著作全部章节的编写和统稿，信阳师范学院袁红雨参加了第4章的编写，安徽农业大学潘宇婷参加了第4章和第5章的编写，安康学院李冬花参加了第4章的编写。

虽然我们付出了很大的努力，但由于作者理论水平和认识有限，仍会有疏漏之处，恳请广大读者批评指正。

江昌俊

2020年春于安徽农业大学茶树生物学与资源利用国家重点实验室

目　录  C O N T E N T S

1

茶树的
进化和传播

茶树进化是指栽培茶树经历人工选择和自然选择发展变化的进程。茶树经过长期进化，形成了对人类更为有益的各种特性和类型，并不断适应不同生态环境，从原始型形态向进化型形态演化。茶树在系统进化上的连续性、渐进性和不可逆性，这一过程包含着处于各个进化阶段的中间类型，影响进化的主要外界因素是地理环境的变迁和人类活动。主要表现是：由乔木型演化为小乔木、灌木型，树干由单轴演化为合轴，叶片由大叶演化为中、小叶，栅栏组织由1层变为多层，花冠由大到小，花瓣由丛瓣到单瓣，果室由多室到单室，果壳由厚到薄，种皮由粗糙到光滑，酚氨比由大到小，花粉壁纹饰由细网状到粗网状，叶肉石细胞由多到少（无）等。

茶树进化途径是指茶树从原始型向进化型演变的路线，人们推测茶树在我国有4条传播途径：第一条从云南经广西、广东、福建到浙江（沿海路传播）；第二条从云南经四川，再到陕西；第三条从云南沿长江，自四川、湖北传到安徽、江苏；第四条从云南经四川到贵州、湖南，进入江西、浙江。

2 茶树种质资源的保护

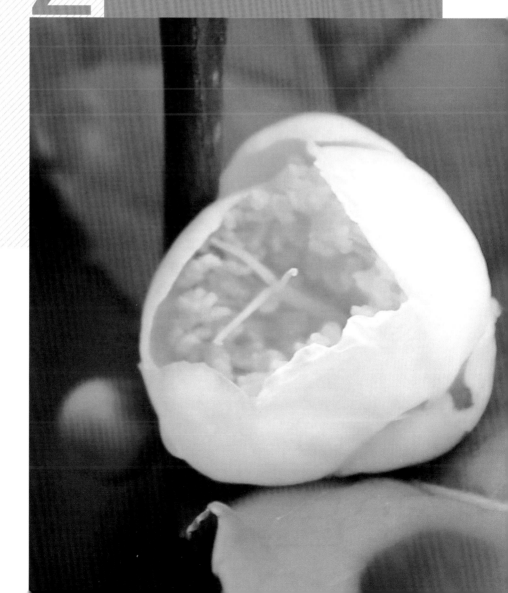

种质资源是在漫长的历史过程中，由自然演化和人工创造而形成的一种重要的自然资源，它积累了自然选择和人工选择引起的极其丰富的遗传变异，即蕴藏着各种性状的遗传基因，是人类用以选育新品种和发展农业生产的物质基础，也是进行生物学研究的重要材料，是极其宝贵的自然财富。

茶树种质资源保护（conservation）是指人类通过对种质资源及其多样性的管理活动，使其能给当代人最大的持久利益，同时保持它的潜力以满足后代人的需要和愿望。种质资源保护方式主要有两种：原生境保护和非原生境保护。

原生境保护（*in situ* conservation）是指在其原生存环境中保护物种的群体及其所处的生态系统，即在茶树群体发生或发展独特性的地方种植保存。例如，村社种质库（community genebank）就是乡村组织在当地自然条件下保存那些在该地区长期种植和流传下来的地方品种。当地农民可以从这些资源库中获取种子或枝条，用于繁殖和生产。

非原生境保护（*ex situ* conservation）是把茶树从原生存环境转移到具有不同条件的设施中保存，即通过种质圃等途径进行的种质资源保存，使种质繁殖体的生命力得到延长和遗传完整性得到维持的过程。种质保存要有足够群体，减少繁殖过程中遗传漂移，使繁殖前后保持最大遗传相似性（genetic resemblance），以供研究和利用。

古茶树一般是指野生型、过渡型和树龄在100年以上的茶树，古茶树资源是指古茶树及由古茶树和其他物种、环境形成的古茶园、古茶林、野生茶树群落等。古茶树是种质资源中的珍品，属于有生命的历史文物，是宝贵的种质基因库，具有很高的社会、自然、人文和科学价值。对古茶树应当妥善保护和管理：①进行古茶树资源普查，建立资源档案，根据调查结果及时更新保护名录。②对古茶园、古茶林、野生茶树群落建立保护区，划定保护范围，设立保护标志。对零星分布的古茶树建立台账，划定保护范围，设立保护标志，实行挂牌保护。根据《全国古树名木普查建档技术规定》古树分级标准：树龄500年以上为国家一级，树龄300～499年为国家二级，树龄100～299年为国家三级。标牌一般应有以下信息：古茶树的统一编号，中文名称，科、属和种的拉丁学名，树龄和古树级别，养护责任人或单位等。③建立古茶树种质资源繁育基地和种质圃，开展种质资源理论和应用开发研究。④建立古茶树资源动态监控监测体系和古茶树生长状况预警机制，古茶树资源所有者、管理者、经营者应当按照技术规范对古茶树进行科学管理、养护和鲜叶采摘，有效保护和改善保护范围内生态环境。保护古茶树是保护种质资源的一种重要方法，但毕竟数量少，丰富的遗传多样性是蕴藏在众多的茶树个体之中，所以保护好各地方群体种是保护种质资源最重要的内容。

3 茶种质资源的类型

茶种质资源主要包括野生资源、地方品种、选育品种、株系和品系、遗传材料、近缘种等。

野生茶树是在特定的自然条件下，经长期适应进化和自然选择而形成的，往往具有一般栽培品种所缺少的某些重要性状，如顽强的抗逆性、独特的品质等，是培育新品种的宝贵材料。

地方品种是指在一定地域范围内生产上长期栽培的农家品种，是茶农经过长期驯化并世代相传，具有明显特点的群体，它们对当地生态环境、栽培条件和消费习惯等有比较好的适应性。地方品种一般是有性系品种，亦称为地方群体种、有性群体种，它们是经过长期的自然选择和人工选择，世代通过种子繁衍而形成的。在一定的地域范围内，品种群体经过长期的天然传粉、杂交，基因组成和性状形成了丰富的多样性，包含很多不同的类型，经长期的自然选择，不断地向适应当地生态环境变异和进化，又经过长期人工选择，其农艺性状能更好地符合当地需要。

3.1　株系、品系、单丛与品种的异同点

在资源考察和研究过程中，常常涉及株系、品系、单丛和品种的概念。株系、品系、单丛和品种都是起源于同一单株或同类植株，遗传性状相对一致的一群个体，是处于不同育种阶段的名称。它们的异同点如下所述。

株系（line）：单株通过无性繁殖或有性繁殖形成一定数量的同类个体，通常是育种过程中的前期材料。

品系（breeding line）：经育种家多年选育，形成了形态学和生物学特性一致，具备了利用价值和稳定的遗传特性，但尚未形成品种、未在生产上推广的群体。

单丛（single bush）：亦称"名丛"，是从有性群体中采用单株选择育种法育成的品种。例如，'凤凰单丛'是从有性系群体种'凤凰水仙'中选育出来的品种，与普通品种的区别是：单丛具有独特加工工艺和商品茶品牌，如广东著名单丛有'凤凰单丛''岭头单丛'等，福建有'大红袍''白鸡冠''铁罗汉''水金龟'四大名丛。

3.2　茶树栽培品种的基本属性

在栽培茶树中，人们常以品种（cultivar，简作 cv.）来评价或区分茶树

不同栽培群体类型。品种是指遗传上相对稳定、形态特征和生物学特性较为一致，具有一定经济价值，用来进行生产的一个栽培群体。野生茶树中没有品种，只有当人类将野生茶树引入栽培，通过长期的栽培驯化和选择等一系列的劳动，才能创造出生产上栽培的品种。品种有其在植物分类上的归属，往往属于植物学上的一个种、亚种、变种乃至变型，但不同于植物学上的变种、变型。

栽培品种具有特异性、一致性、稳定性、地区性和时间性5个方面的属性。特异性是指作为一个品种，至少有一个以上明显不同于其他品种的可辨认的标志性状。一致性是指采用适合于该类品种繁殖方式的情况下，除可以预见的变异外，经过繁殖，品种内个体间在形态、生物学和主要经济性状等方面应相对整齐一致。稳定性是指该品种经过扦插、压条、嫁接等方法繁殖，前后代在形态、生物学和主要经济性状等方面保持相对不变。地区性是指品种的生物学特性适应于一定地区生态环境和农业技术的要求。每个品种都是在一定的生态和栽培条件下形成的，一方水土养一方品种。时间性是指在一定时期内，该品种在产量、品质和适应性等主要经济性状上符合生产和消费市场的需要。随着每个地区的经济、自然和栽培条件的变化，原有的品种便不能适应。因此，每个品种都印留着历史痕迹，反映着当时的生产力水平和人类的需求，必须不断创造符合需要的新品种来更换过时的老品种。一些过时的、不符合当前要求的老品种，不完全具备生产上的要求，习惯上仍称为品种，但它们常常只是用于选育新品种的育种材料。

3.3　茶树栽培品种的命名

人们要认识、研究和利用茶树，对其进行分门别类，首要的任务是给予其名称，即命名。要使命名有条不紊，以便于国际交流，就需要有准确、稳定而又简明的大家共同遵守的规则和章程。

在茶树品种命名上存在一些混乱现象。栽培茶树主要有两个来源，一是由野生茶树直接引入进行栽培，当引入栽培后表现出与该分类单位（种或种以下分类单位）在野生状态下不同的变异时，则可以给予这些变异集合体以品种或品种群名称。二是从种或种以下分类等级选育、培育而来，在此基础上再进行品种（或品种群）的分类和命名。栽培品种的命名必须按照农业部《农业植物品种命名规定》（农业部令 2012 年第 2 号）执行，符合《国际栽培植物命名法规》（*International Code of Nomenclature for Cultivated Plants*，ICNCP）的要求。

根据 ICNCP 的规定：①栽培植物品种的名称是由它所隶属的属或更低分类单位的正确名称加上品种加词共同构成；②品种加词中每一个词的首字母必须大写，品种的地位由一个单引号（'- - -'）将品种加词括起来而表示，而双引号（"- - -"）和缩写"cv."、"var."不能用于品种名称中表示加词；③为了区分种名（属名和种加词）、品种群名称和品种加词，种名按照惯例采用斜体，品种加词则采用正体，品种加词至少应该与属的名称相伴随；④如果一个名称的品种加词是一个属的名称，或者是一个种的俗名或学名译名，或者是其他命名等级，如果该加词的使用不至于引起混淆的情况下，可以使用属或种的名称作为品种加词；⑤品种（或品种群）加词不能使用拉丁语，必须使用现代语言，对中国来说可使用汉语拼音。例如，茶树品种'皖茶 91'和'茶农 98'由品种所隶属的属和种的名称（*Camellia sinensis*）加上品种加词共同构成，写为 *Camellia sinensis* 'WanCha 91'和 *Camellia sinensis* 'ChaNong 98'。'WanCha 91'和'ChaNong 98'是"品种加词"，品种加词中每一个词的首字母宜大写，以免读拼音时，在音节上出现错误。属名和种名按照惯例采用斜体，写成 *Camellia sinensis*。品种加词采用正体，将其拉丁化写成'*WanCha 91*'和'*ChaNong 98*'是错误的。因为山茶属是一个独立的命名等级，在这个命名等级内，没有任何两个品种加词是重复的，品种的地位是由一个单引号（'- - -'）将品种加词括起来。将'皖茶 91'和'黔湄 419'写成 *Camellia sinensis* cv. 'WanCha 91'和 *Camellia sinensis* var. *pubilimba* 'QianMei 419'，其中"cv."和"var. *pubilimba*"是多余的，因为在茶树品种中，'皖茶 91'和'黔湄 419'的品种加词是唯一的。品种加词中的"Cha（茶）"是该种的学名译名，如果"Cha"的使用不至于与种名混淆，则可以用于品种加词，如将"Cha"作为'WanCha 91''ChaNong 98'等品种加词的一部分。

3.4   茶树栽培品种的分类

不同品种特征特性差别很大，为了便于品种的识别和利用，有必要对栽培品种进行分类。品种分类与植物学分类不同，植物学分类一般是"种"以上的分类，而品种则是"种"以下的栽培品种分类；两者分类依据不同，植物学分类是以形态性状、生物学特性和亲缘关系为主要依据，而栽培品种的分类则是以农艺性状为主要依据。

早期对茶树栽培品种的分类主要有 13 项分类法（湖南农学院，1980）和 5 类分类法（陈文怀，1964）。

在生产上，人们习惯根据树型、叶色、叶形、叶面积、发芽期、茶类适制性、繁殖方式和来源等对栽培品种进行分类。

虽然大多数品种的芽叶为绿色，但目前叶色白化、黄化和紫化品种（群）也是生产上常见的栽培类型。白化、黄化类型是不同程度叶绿素缺失的叶色突变体，如白化品种'黄山白茶 1 号''安吉白茶 1 号''景白 1 号'，黄化品种'黄金芽''中黄 1 号''白鸡冠'等。研究表明，这些突变体由于代谢机制的特异性，芽叶呈现出不同程度的白化或黄化现象，游离氨基酸含量高，有些品种的游离氨基酸含量达到 6% 以上，茶氨酸含量达 3% 以上。另外，受外界环境影响有些品种可产生阶段性紫色芽叶，而特异性紫芽品种全年新梢芽叶均为红色、紫色或红紫色，如'紫鹃'等。这类紫化品种一般花青素含量高，茶叶产品的开发利用越来越受人们的关注。

依据叶片形状，将品种形象地划分为柳叶种、楮叶种、瓜子种、圆叶种等，如'九华大椭圆叶''涌溪柳叶种''祁门楮叶种''独山瓜子种''龙井瓜子种'等。

依据叶面积分为大叶种、中叶种、小叶种，如'海南大叶种''恩施大叶茶''北川中叶种''小叶白心'等。

依据发芽期分为（特）早芽种、中芽种和迟芽种。特早芽种是指越冬芽生长发育和春茶开采特早的品种；早芽种是指越冬芽生长发育和春茶开采早的品种；中芽种是指越冬芽生长发育和春茶开采期介于早芽种和迟芽种之间的品种；迟芽种或称晚芽种是指越冬芽生长发育和春茶开采期均迟的品种。因各茶区气候条件和茶类不同，同一品种在不同的茶区，越冬芽生长发育和春茶开采期差距很大。此外，同一品种在同一茶区，如果加工的茶类不同，采摘标准不一样，春茶开采期不同。所以，一般不用萌发日期或春茶开采期表示品种的越冬芽生长发育和春茶开采期早或晚，而是用有效积温或活动积温来表示。

根据茶类适制性分为适制红茶品种、适制绿茶品种、红绿茶兼制品种和适制乌龙茶品种等。

依据繁殖方式将品种划分为有性系品种和无性系品种。有性系品种是用种子繁殖后代形成的群体，植株生活力强，适应性广，但品种内个体间基因型的多样性对茶园管理、鲜叶采收、加工不利。无性系品种是用营养器官繁殖后代形成的群体，品种内个体间基因型一致，性状表现相对一致，便于茶园管理和机采、加工。

按其来源品种可分为本地（当地）和外地（引进）品种。本地种质资源，包括在当地自然条件和耕作制度下经过长期自然选择和人工选择得到的地方品种和当前推广的改良品种。外地品种，是指从其他国家或地区引入的品种，它们反映了各自原产地的生态和栽培特点，具有与本地品种不同的生物学和经济上的性状。

3.5　我国部分地方群体品种的原产地和主要特征特性

地方品种是茶树最重要的基因库和育种材料，也是当前重要的茶叶生产资料之一，表1列举了我国部分重要地方群体品种的主要特征特性。

表1　中国部分地方群体品种的原产地和主要特征特性

序号	品种名称	原产地	主要特征特性
1	*黄山种	安徽歙县	灌木，大叶，中生。叶椭圆形，绿色。
2	霍山金鸡种	安徽霍山县	灌木，大叶，晚生。叶长椭圆形，浅绿色。
3	金寨青山种	安徽金寨县	灌木，大叶，晚生。叶椭圆或长椭圆形，深绿色。
4	茗州种	安徽休宁县	灌木，大叶，晚生。叶长椭圆形，深绿色。
5	*祁门种	安徽祁门县	灌木，中叶，中生。叶椭圆或长椭圆形，绿色。
6	青阳天云茶	安徽青阳县	灌木，中叶，中生。叶椭圆形，深绿色。
7	柿大茶	安徽黄山区	灌木，大叶，晚生。叶椭圆形似柿叶，深绿色。
8	松萝种	安徽休宁县	灌木，大叶，晚生。叶长椭圆形，绿色。
9	宣城尖叶种	安徽宣城市	灌木，大叶，晚生。叶椭圆形，绿或深绿色。
10	杨树林种	安徽祁门县	灌木，大叶，中生。叶椭圆形，绿色。
11	涌溪柳叶种	安徽泾县	灌木，中叶，中生。叶长椭圆形，绿色。
12	景星苦茶	重庆万盛经济技术开发区	小乔木，大叶，中生（偏早）。叶椭圆形，深绿色。
13	*黄棪	福建安溪罗岩村	小乔木，中叶，早生。叶椭圆或倒披针形，黄绿色。
14	坦洋菜茶	福建福安市	灌木，中叶，中生。叶椭圆或长椭圆形，深绿或绿色。

续表

序号	品种名称	原产地	主要特征特性
15	吴山清明茶	福建福鼎市	小乔木，大叶，早生。叶长椭圆形，绿色。
16	武夷菜茶	福建武夷山市	灌木，中叶，中生。叶椭圆或长椭圆形，深绿或绿色。
17	*凤凰水仙	广东潮安区凤凰山	小乔木，大叶，早生。叶长椭圆或椭圆形，绿色。
18	*乐昌白毛茶	广东乐昌市	乔木，大叶，早生。叶长椭圆或披针形，绿或黄绿色。
19	连南大叶茶	广东连南瑶族自治县	乔木，大叶，中生。叶椭圆或披针形，绿或深绿色。
20	清桂大叶	广东广宁县	小乔木，大叶，早生。叶椭圆形，深绿色。
21	饶平中叶	广东饶平县	小乔木，中叶，早生。叶长椭圆形，绿色。
22	仁化白毛茶	广东仁化县	小乔木，大叶，早生。叶长椭圆形，绿色。
23	乳源大叶茶	广东乳源瑶族自治县	小乔木，大叶，中生。叶长椭圆或披针形，深绿色。
24	小叶白心	广东广州市	灌木，中叶，早生。叶椭圆形，深绿色。
25	沿溪山白毛茶	广东乐昌市	小乔木，中叶，早生。叶长椭圆形，黄绿色。
26	安塘大叶茶	广西上林县	小乔木，大叶，中生。叶椭圆或长椭圆形，深绿色。
27	富川白毫	广西富川瑶族自治县	小乔木，大叶，中生。叶椭圆或长椭圆形，深绿色。
28	桂平西山茶	广西桂平市	灌木，小叶，早生。叶椭圆形，绿或深绿色。
29	*凌云白毛茶	广西凌云县、乐业县	小乔木，大叶，中生。叶特大，椭圆或长椭圆形，青绿色。
30	开山白毛茶	广西贺州市	小乔木，中叶，中生。叶椭圆形，黄绿色。
31	六堡茶	广西苍梧县	灌木，中叶，早生。叶椭圆形，绿色。
32	六垌大叶茶	广西兴安县	小乔木，大叶，早生。叶特大，椭圆或披针形，绿或黄绿色。
33	龙胜龙脊茶	广西龙胜各族自治县	小乔木，大叶，早生。叶特大，长椭圆或椭圆形，黄绿色。
34	南山白毛茶	广西横县	小乔木，中叶，早生。叶椭圆形，绿或深绿色。
35	排旗种	广西上林县	小乔木，中叶，早生。叶长椭圆或椭圆形，绿或黄绿色。
36	宛田大叶茶	广西临桂区	小乔木，大叶，早生。叶长椭圆或椭圆形，绿色。
37	牙己茶	广西三江侗族自治县	小乔木，中叶，中生。叶长椭圆形，绿色。
38	瑶山茶	广西象州县	灌木，大叶，早生。叶长椭圆或椭圆形，绿色。
39	钟山群体	广西钟山县	乔木，大叶，早生。叶长椭圆或椭圆形，绿色。

序号	品种名称	原产地	主要特征特性
40	资源大叶茶	广西资源县	小乔木，大叶，早生。叶长椭圆形，黄绿或深绿色。
41	安顺竹叶茶	贵州安顺市	灌木，中叶，中生。叶长椭圆形，绿色。
42	大方贡茶	贵州大方县	灌木，小叶，晚生。叶椭圆形，深绿色。
43	都匀毛尖	贵州都匀市	灌木，中叶，早生。叶椭圆形，绿或黄绿色。
44	贵定仰望茶	贵州贵定县	小乔木，中叶，中生。叶长椭圆形，绿色。
45	金沙大牛皮茶	贵州金沙县	小乔木，中叶，中生。叶椭圆形，深绿色。
46	*湄潭苔茶	贵州湄潭县	灌木，中叶，中生。叶椭圆形，深绿或淡绿色。
47	仁怀丛茶	贵州仁怀市	小乔木，大叶，早生。叶阔椭圆形，黄绿色。
48	石阡苔茶	贵州石阡县	灌木，中叶，中生。叶长椭圆形，深绿色。
49	镇宁团叶茶	贵州镇宁布依族苗族自治县	灌木，大叶，中生。叶长椭圆或披针形，深绿色。
50	*海南大叶种	海南五指山市	乔木，大叶，早生。叶长椭圆或椭圆、卵圆形，黄绿色。
51	车云种	河南浉河区	灌木，中叶，中生。叶长椭圆形，绿色。
52	信阳种	河南信阳市	灌木，中叶，早（偏中）生。叶多为椭圆形，少数长椭圆和披针形，绿或深绿色。
53	巴东大叶茶	湖北巴东县	灌木，大叶，中生。叶长椭圆，少数披针形，绿色。
54	恩施大叶茶	湖北恩施土家族苗族自治州	灌木，大叶，中生。叶椭圆或长椭圆形，绿色。
55	鹤峰苔子茶	湖北鹤峰县	灌木，中叶，中生。叶椭圆或长椭圆形，绿色。
56	神农架群体种	湖北神农架	灌木，中叶，中生。叶长椭圆或披针形，绿色。
57	五峰大叶茶	湖北五峰土家族自治县	灌木，大叶，早生。叶椭圆、长椭圆、卵圆或披针形，绿色。
58	兴山大叶茶	湖北兴山县	灌木，大叶，早生。叶椭圆或长椭圆形，绿色。
59	宣恩苔子茶	湖北宣恩县	灌木，大叶，早生。叶椭圆或卵圆形，绿色。
60	*宜昌大叶茶	湖北宜昌市	小乔木，大叶，早生。叶长椭圆或披针形，绿或黄绿色。
61	英山群体种	湖北英山县	灌木，中叶，中生。叶椭圆形，绿色。
62	竹溪群体种	湖北竹溪县	灌木，中叶，中生。叶椭圆形，深绿色。
63	城步峒茶	湖南城步苗族自治县	小乔木，中叶，中生。叶长椭圆或椭圆形，绿或深绿色。
64	江华苦茶	湖南江华瑶族自治县	小乔木，大叶，中生。叶椭圆形，黄绿色。
65	君山种	湖南岳阳市	灌木，中叶，中生。叶椭圆形，绿色。

续表

序号	品种名称	原产地	主要特征特性
66	蓝山苦茶	湖南蓝山县	小乔木，大叶，中生。叶长椭圆或椭圆形，深绿或黄绿色。
67	醴陵大叶枇杷茶	湖南醴陵市	灌木，大叶，中生。叶长椭圆形，绿稍黄色。
68	莽山大叶	湖南宜章县	灌木，大叶，中生。叶长椭圆形，绿色。
69	汝城白毛茶	湖南汝城县	小乔木，大叶，早生。叶长椭圆或椭圆形，绿稍黄色。
70	*云台山种	湖南安化县云台山	灌木，中叶，中生。叶长椭圆形，绿或黄绿色。
71	洞庭种	江苏吴中区	灌木，中叶，中生。叶椭圆或长椭圆形，绿或淡绿色。
72	*宜兴种	江苏宜兴市	灌木，中叶，中生。叶椭圆形，绿或深绿色。
73	安远大叶种	江西安远县	灌木，大叶，中生。叶长椭圆形，深绿色。
74	浮梁种	江西景德镇市	灌木，大叶，中生。叶椭圆或长椭圆形，绿色。
75	狗牯脑茶	江西遂川县	灌木，中叶，晚生。叶椭圆形，绿色。
76	茴香茶	江西铜鼓县	灌木，中叶，晚生。叶椭圆形，绿色。
77	麻菇茶	江西南城县	灌木，中叶，早生。叶椭圆形，绿色。
78	*宁州种	江西修水县	灌木，中叶，中生。叶椭圆形，芽叶黄绿色。
79	上饶大叶种	江西上饶市	灌木，大叶，中生。叶椭圆形，深绿色。
80	婺源种	江西婺源县	灌木，大叶，早生。叶椭圆或卵圆形，绿色。
81	*紫阳种	陕西紫阳县	灌木，中叶，中生。叶椭圆形，绿色。
82	*早白尖	四川筠连县	灌木，中叶，早生。叶长椭圆形，绿色。
83	北川中叶种	四川北川县	灌木，中叶，中生。叶椭圆形，深绿色。
84	崇庆枇杷茶	四川崇州市	乔木，大叶，早生。叶椭圆形，深绿色。
85	古蔺牛皮茶	四川古蔺县	灌木，中叶，中生。叶椭圆或长椭圆形，深绿色。
86	南江大叶茶	四川南江县	灌木，大叶，早生。叶椭圆形，绿色。
87	叙永大茶树	四川叙永县	小乔木，中叶，中生。叶椭圆或卵圆形，深绿色。
88	坝子白毛茶	云南麻栗坡县	乔木，大叶，中生。叶椭圆形，深绿色。
89	宝洪茶	云南宜良县	灌木，中叶，中生。叶椭圆形，深绿色。
90	昌宁大叶茶	云南昌宁县	乔木，大叶，早生。叶椭圆形，绿色。
91	翠华茶	云南大关县	灌木，中叶，中生。叶椭圆形，深绿色。
92	大理大叶茶	云南大理市	乔木，大叶，中生。叶阔椭圆形，绿色。
93	*凤庆大叶种	云南凤庆县	乔木，大叶，早生。叶椭圆形，绿色。
94	官寨茶	云南芒市	乔木，大叶，中生。叶椭圆形，深绿色。

序号	品种名称	原产地	主要特征特性
95	景谷大白茶	云南景谷傣族彝族自治县	乔木，大叶，中生。叶阔椭圆形，深绿色。
96	临沧大叶茶	云南临沧市	乔木，大叶，中生。叶阔椭圆或椭圆形，深绿色。
97	玛玉茶	云南绿春县	小乔木，大叶，中生。叶长椭圆或披针形，淡绿色。
98	*勐海大叶种	云南勐海县	乔木，大叶，早生。叶长椭圆或椭圆形，绿色。
99	*勐库大叶种	云南双江拉祜族佤族布朗族傣族自治县	乔木，大叶，早生。叶长椭圆或椭圆形，黄绿色。
100	南糯山群体种	云南勐海县	乔木，大叶，中生。叶长椭圆和椭圆形，深绿色。
101	十里香	云南昆明市	灌木，中叶，中生。叶长椭圆或披针形，深绿色。
102	石缸茶	云南盐津县	灌木，中叶，中生。叶椭圆形，绿色。
103	腾冲大叶茶	云南腾冲市	乔木，大叶，中生。叶椭圆形，绿色。
104	文家塘大叶茶	云南腾冲市	乔木，大叶，中生。叶椭圆形，绿色。
105	易武绿芽茶	云南勐腊县	乔木，大叶，中生。叶椭圆形，绿色。
106	元江糯茶	云南元江哈尼族彝族傣族自治县	小乔木，大叶，中生。叶椭圆或卵圆形，绿或深绿色。
107	云龙山大叶茶	云南建水县	小乔木，大叶，中生。叶长椭圆形，绿色。
108	竹叶青茶	云南芒市	乔木，大叶，中生。叶长椭圆形，绿色。
109	顾渚紫笋	浙江长兴县	灌木，中叶，中生。叶椭圆形，绿色。
110	惠明茶	浙江景宁畲族自治县	灌木，中叶，中生。叶长椭圆形，深绿色。
111	*鸠坑种	浙江淳安县	灌木，中叶，中生。叶椭圆、长椭圆或披针形，绿色。
112	乐清青茶	浙江乐清市	灌木，中叶，早生。叶椭圆形，绿色。
113	龙井种	浙江杭州市	灌木，中叶，中生。叶椭圆、长椭圆或卵圆形，绿或深绿色。
114	木禾种	浙江东阳市	灌木，中叶，中生。叶椭圆形，深绿色。
115	上虞龙山种	浙江上虞区	灌木，中叶，中生。叶椭圆形，绿色。
116	天台种	浙江天台县	灌木，中叶，中生。叶长椭圆或椭圆形，绿色。

注：①"*"为国家认定的地方品种；②品种名称根据原产地省份按汉语拼音排序。

3.6　我国审（认、鉴）定和登记的国家级品种原产地和主要特征特性

选育品种又称为育成品种或改良品种，是指育种家根据特定的育种目

标，采用相关技术手段，对遗传材料进行改良和选择，使其形成形态和生物学特征特性一致、遗传上相对稳定的品种，它比地方品种具有较多的优良经济性状。目前我国绝大多数育成品种是从地方群体种中采用单株选种方法，或者利用地方群体种作为亲本，采用杂交方法而育成的无性系品种。

我国茶树品种管理先后经历了4个发展阶段，即认定→审定→鉴定→登记。自20世纪80年代以来，九批共认定或审定、鉴定了134个国家级茶树品种，其中1984年第一批认定30个国家级品种，1987年第二批认定22个国家级品种，1994年第三批审定25个国家级品种，2001年第四批审定18个国家级品种，2003年第五批鉴定1个国家级品种，2005年第六批鉴定1个国家级品种，2010年第七批鉴定26个国家级品种，2012年第八批鉴定1个国家级品种，2014年第九批鉴定10个国家级品种，见表2。

表2　我国审（认、鉴）定的国家级品种来源和主要特征特性

序号	品种名称	审（认、鉴）定时间	原产地和品种来源及主要特征特性
1	本山	1984年第一批认定	原产福建安溪西坪一带。无性系，灌木、中叶。
2	大面白	1984年第一批认定	原产江西上饶洪水坑一带。无性系，灌木、大叶。
3	大叶乌龙	1984年第一批认定	原产福建安溪长坑、蓝田一带。无性系，灌木、中叶。
4	凤凰水仙	1984年第一批认定	有性系，参见表1。
5	凤庆大叶种	1984年第一批认定	有性系，参见表1。
6	福安大白茶	1984年第一批认定	原产福建福安上高山村。无性系，小乔木、大叶。
7	福鼎大白茶	1984年第一批认定	原产福建福鼎柏柳村。无性系，小乔木、中叶。
8	福鼎大毫茶	1984年第一批认定	原产福建福鼎汪家洋村。无性系，小乔木、大叶。
9	福建水仙	1984年第一批认定	原产福建建阳大湖村。无性系，小乔木、大叶。
10	海南大叶种	1984年第一批认定	有性系，参见表1。
11	黄山种	1984年第一批认定	有性系，参见表1。
12	黄棪	1984年第一批认定	有性系，参见表1。
13	鸠坑种	1984年第一批认定	有性系，参见表1。
14	乐昌白毛茶	1984年第一批认定	有性系，参见表1。
15	凌云白毛茶	1984年第一批认定	有性系，参见表1。
16	毛蟹	1984年第一批认定	原产福建安溪福美村。无性系，灌木、中叶。
17	梅占	1984年第一批认定	原产福建安溪三洋村。无性系，小乔木、中叶。
18	湄潭苔茶	1984年第一批认定	有性系，参见表1。
19	勐海大叶种	1984年第一批认定	有性系，参见表1。

续表

序号	品种名称	审（认、鉴）定时间	原产地和品种来源及主要特征特性
20	勐库大叶种	1984 年第一批认定	有性系，参见表 1。
21	宁州种	1984 年第一批认定	有性系，参见表 1。
22	祁门种	1984 年第一批认定	有性系，参见表 1。
23	上梅洲种	1984 年第一批认定	原产江西婺源上梅洲村。无性系，灌木、大叶。
24	铁观音	1984 年第一批认定	原产福建安溪松岩村。无性系，灌木、中叶。
25	宜昌大叶茶	1984 年第一批认定	有性系，参见表 1。
26	宜兴种	1984 年第一批认定	有性系，参见表 1。
27	云台山种	1984 年第一批认定	有性系，参见表 1。
28	早白尖	1984 年第一批认定	有性系，参见表 1。
29	政和大白茶	1984 年第一批认定	原产福建政和铁山镇。无性系，小乔木、大叶。
30	紫阳种	1984 年第一批认定	有性系，参见表 1。
31	安徽 1 号	1987 年第二批认定	祁门群体种。无性系，灌木、大叶。
32	安徽 3 号	1987 年第二批认定	祁门群体种。无性系，灌木、大叶。
33	安徽 7 号	1987 年第二批认定	祁门群体种。无性系，灌木、中叶。
34	碧云	1987 年第二批认定	平阳群体种与'云南大叶茶'自然杂交后代。无性系，小乔木、中叶。
35	翠峰	1987 年第二批认定	'福鼎大白茶'与'云南大叶茶'自然杂交后代。无性系，小乔木、中叶、中生。
36	福云 6 号	1987 年第二批认定	'福鼎大白茶'与'云南大叶茶'自然杂交后代。无性系，小乔木、大叶。
37	福云 7 号	1987 年第二批认定	'福鼎大白茶'与'云南大叶茶'自然杂交后代。无性系，小乔木、大叶。
38	福云 10 号	1987 年第二批认定	'福鼎大白茶'与'云南大叶茶'自然杂交后代。无性系，小乔木、中叶。
39	劲峰	1987 年第二批认定	'福鼎大白茶'与'云南大叶茶'自然杂交后代。无性系，小乔木、中叶。
40	菊花春	1987 年第二批认定	'云南大叶茶'与平阳群体种自然杂交后代。无性系，灌木、中叶。
41	龙井 43	1987 年第二批认定	龙井群体种。无性系，灌木、中叶。
42	宁州 2 号	1987 年第二批认定	宁州群体种。无性系，灌木、中叶。
43	黔湄 419	1987 年第二批认定	'镇沅大叶种'与'平乐高脚种'自然杂交后代。无性系，小乔木、大叶。
44	黔湄 502	1987 年第二批认定	'凤庆大叶种'与'宣恩长叶种'杂交后代。无性系，小乔木、大叶。

序号	品种名称	审（认、鉴）定时间	原产地和品种来源及主要特征特性
45	蜀永 1 号	1987 年第二批认定	'云南大叶茶'与'四川中叶种'杂交后代。无性系，小乔木、中叶、中生。
46	蜀永 2 号	1987 年第二批认定	'四川中叶种'与'云南大叶茶'杂交后代。无性系，小乔木、大叶。
47	英红 1 号	1987 年第二批认定	阿萨姆种。无性系。乔木、大叶。
48	迎霜	1987 年第二批认定	'福鼎大白茶'与'云南大叶茶'自然杂交后代。无性系，小乔木、中叶。
49	云抗 10 号	1987 年第二批认定	勐海南糯山群体种。无性系，乔木、大叶。
50	云抗 14 号	1987 年第二批认定	勐海南糯山群体种。无性系，乔木、大叶。
51	浙农 12	1987 年第二批认定	'福鼎大白茶'与'云南大叶茶'自然杂交后代。无性系，小乔木、中叶。
52	槠叶齐	1987 年第二批认定	安化群体种。无性系、灌木、中叶。
53	八仙茶	1994 年第三批审定	诏安县寨坪村群体种。无性系，小乔木、大叶。
54	白毫早	1994 年第三批审定	安化群体种。无性系，灌木、大叶。
55	高芽齐	1994 年第三批审定	'槠叶齐'自然杂交后代。无性系，灌木、大叶。
56	桂红 3 号	1994 年第三批审定	宛田大叶群体种。无性系，小乔木、大叶。
57	桂红 4 号	1994 年第三批审定	宛田大叶群体种。无性系，小乔木、大叶。
58	寒绿	1994 年第三批审定	'格鲁吉亚 8 号'有性后代。无性系，灌木、中叶。
59	尖波黄 13 号	1994 年第三批审定	'尖波黄'自然杂交后代。无性系，灌木、大叶。
60	龙井长叶	1994 年第三批审定	龙井种。无性系，灌木、中叶。
61	黔湄 601	1994 年第三批审定	'镇宁团叶茶'与'凤庆大叶种'杂交后代。无性系，小乔木、大叶。
62	黔湄 701	1994 年第三批审定	'晚花大叶茶'与'凤庆大叶种'杂交后代。无性系，小乔木、大叶。
63	青峰	1994 年第三批审定	福云有性后代。无性系，小乔木、中叶。
64	蜀永 3 号	1994 年第三批审定	'四川中叶种'与'云南大叶茶'杂交后代。无性系，小乔木、大叶。
65	蜀永 307	1994 年第三批审定	'云南大叶茶'与'四川中叶种'杂交后代。无性系，小乔木、大叶。
66	蜀永 401	1994 年第三批审定	'四川中叶种'与'云南大叶茶'杂交后代。无性系，小乔木、大叶。
67	蜀永 703	1994 年第三批审定	'四川中叶种'与'云南大叶茶'杂交后代。无性系，小乔木、大叶。
68	蜀永 808	1994 年第三批审定	'云南大叶茶'与'四川中叶种'杂交后代。无性系，小乔木、大叶。

续表

序号	品种名称	审（认、鉴）定时间	原产地和品种来源及主要特征特性
69	蜀永 906	1994 年第三批审定	'云南大叶茶'与'四川中叶种'杂交后代。无性系，小乔木、中叶。
70	皖农 95	1994 年第三批审定	'槠叶齐'自然杂交后代。无性系，灌木、中叶。
71	锡茶 5 号	1994 年第三批审定	宜兴种。无性系，灌木、大叶。
72	锡茶 11 号	1994 年第三批审定	引种的'云南大叶茶'自然杂交后代。无性系，小乔木、中叶。
73	信阳 10 号	1994 年第三批审定	信阳群体种。无性系，灌木、中叶。
74	杨树林 783	1994 年第三批审定	杨树林群体种。无性系，灌木、大叶。
75	宜红早	1994 年第三批审定 （1998 年补审）	宜昌大叶群体种。无性系，灌木、中叶。
76	浙农 113	1994 年第三批审定	'福鼎大白茶'与'云南大叶茶'自然杂交后代。无性系，小乔木、中叶。
77	槠叶齐 12	1994 年第三批审定	'槠叶齐'自然杂交后代。无性系，灌木、大叶。
78	鄂茶 1 号	2001 年第四批审定	'福鼎大白茶'与'梅占'杂交后代。无性系，灌木、中叶。
79	凫早 2 号	2001 年第四批审定	休宁杨树林群体种。无性系，灌木、中叶。
80	赣茶 2 号	2001 年第四批审定	'福鼎大白茶'与'婺源种'自然杂交后代。无性系，灌木、中叶。
81	黄观音	2001 年第四批审定	'铁观音'与'黄棪'杂交后代。无性系，小乔木、中叶。
82	黄奇	2001 年第四批审定	'黄棪'与'白奇兰'自然杂交后代。无性系，小乔木、中叶。
83	岭头单丛	2001 年第四批审定	凤凰水仙群体种。无性系，小乔木、大叶。
84	茗科 1 号（金观音）	2001 年第四批审定	'铁观音'与'黄棪'杂交后代。无性系，灌木、中叶。
85	南江 2 号	2001 年第四批审定	南江大叶群体种。无性系，灌木、中叶。
86	黔湄 809	2001 年第四批审定	'福鼎大白茶'与'黔湄 412'杂交后代。无性系，小乔木、大叶。
87	舒茶早	2001 年第四批审定	舒城当地群体种。无性系，灌木、中叶。
88	皖农 111	2001 年第四批审定	引种到广东英德'云南大叶种'的种子经 ^{60}Co 辐照选育。无性系，小乔木、大叶。
89	五岭红	2001 年第四批审定	'英红 1 号'有性后代。无性系，小乔木、大叶。
90	秀红	2001 年第四批审定	'英红 1 号'自然杂交后代。无性系，小乔木、大叶。
91	悦茗香	2001 年第四批审定	'赤叶观音'有性后代。无性系，灌木、中叶。
92	云大淡绿	2001 年第四批审定	'云南大叶茶'群体种。无性系，乔木、大叶。

续表

序号	品种名称	审（认、鉴）定时间	原产地和品种来源及主要特征特性
93	早白尖 5 号	2001 年第四批审定	早白尖。无性系，灌木、中叶。
94	浙农 21	2001 年第四批审定	云南大叶茶。无性系，小乔木、中叶。
95	中茶 102	2001 年第四批审定	龙井种。无性系，灌木、中叶。
96	桂绿 1 号	2003 年第五批鉴定	清明早群体种。无性系，灌木、中叶。
97	名山白毫 131	2005 年第六批鉴定	四川省名山区当地群体种。无性系，灌木、中叶。
98	白毛 2 号	2010 年第七批鉴定	'乐昌白毛茶'群体种。无性系，灌木、中叶。
99	春兰	2010 年第七批鉴定	'铁观音'自然杂交后代。无性系，灌木、中叶。
100	春雨一号	2010 年第七批鉴定	'福鼎大白茶'有性群体种。无性系，灌木、中叶。
101	春雨二号	2010 年第七批鉴定	'福鼎大白茶'有性群体种。无性系，灌木、中叶。
102	丹桂	2010 年第七批鉴定	武夷'肉桂'自然杂交后代。无性系，灌木、中叶。
103	鄂茶 5 号	2010 年第七批鉴定	'劲峰'自然杂交后代。无性系，灌木、中叶。
104	桂香 18 号	2010 年第七批鉴定	'凌云白毛茶'有性群体种。无性系，灌木、中叶。
105	鸿雁 1 号	2010 年第七批鉴定	'铁观音'自然杂交后代。无性系，灌木、中叶。
106	鸿雁 7 号	2010 年第七批鉴定	'八仙茶'自然杂交后代。无性系，小乔木、中叶。
107	鸿雁 9 号	2010 年第七批鉴定	'八仙茶'自然杂交后代。无性系，小乔木、中叶。
108	鸿雁 12 号	2010 年第七批鉴定	'铁观音'自然杂交后代。无性系，灌木、中叶。
109	黄玫瑰	2010 年第七批鉴定	'铁观音'与'黄棪'杂交后代。无性系，灌木、中叶。
110	金牡丹	2010 年第七批鉴定	'铁观音'与'黄棪'杂交后代。无性系，灌木、中叶。
111	茂绿	2010 年第七批鉴定	'福鼎大白茶'有性群体种。无性系，灌木、中叶。
112	南江 1 号	2010 年第七批鉴定	南江大叶群体种。无性系，灌木、中叶。
113	瑞香	2010 年第七批鉴定	'黄棪'自然杂交后代。无性系，灌木、中叶。
114	石佛翠	2010 年第七批鉴定	石佛群体种。无性系，灌木、中叶。
115	皖茶 91	2010 年第七批鉴定	引种的'凤庆大叶种'有性后代。无性系，灌木、中叶。
116	霞浦春波绿	2010 年第七批鉴定	'福鼎大白茶'有性后代。无性系，灌木、中叶。
117	尧山秀绿	2010 年第七批鉴定	'鸠坑种'有性后代。无性系，灌木、中叶。
118	玉绿	2010 年第七批鉴定	日本'薮北种'为母本，'福鼎大白茶''楮叶齐''湘波绿''龙井43'混合花粉人工杂交后代。无性系，灌木、中叶。
119	浙农 117	2010 年第七批鉴定	'福鼎大白茶'与'云南大叶茶'自然杂交后代。无性系，小乔木、中叶。

续表

序号	品种名称	审（认、鉴）定时间	原产地和品种来源及主要特征特性
120	浙农 139	2010 年第七批鉴定	'福鼎大白茶'与'云南大叶茶'自然杂交后代。无性系，小乔木、中叶。
121	中茶 108	2010 年第七批鉴定	'龙井 43'穗条经 ^{60}Co 辐射诱变。无性系，灌木、中叶。
122	中茶 302	2010 年第七批鉴定	'格鲁吉亚 6 号'为母本，'福鼎大白茶'为父本杂交后代。无性系，灌木、中叶。
123	紫牡丹	2010 年第七批鉴定	'铁观音'自然杂交后代。无性系，灌木、中叶。
124	特早 213	2012 年第八批鉴定	'福鼎大白茶'有性群体。无性系，灌木、中叶。
125	安庆 8902	2014 年第九批鉴定	岳西来榜群体种。无性系，灌木、中叶。
126	巴渝特早	2014 年第九批鉴定	'福鼎大白茶'有性群体。无性系，小乔木、中叶。
127	鸿雁 13 号	2014 年第九批鉴定	'铁观音'自然杂交后代。无性系，灌木、中叶。
128	花秋 1 号	2014 年第九批鉴定	花秋堰地方群体种。无性系，灌木、中叶。
129	黔茶 8 号	2014 年第九批鉴定	昆明中叶群体种。无性系，灌木、中叶。
130	山坡绿	2014 年第九批鉴定	舒城群体种。无性系，灌木、中叶。
131	苏茶 120	2014 年第九批鉴定	'福鼎大白茶'有性群体。无性系，灌木、中叶。
132	天府 28 号	2014 年第九批鉴定	四川中小叶群体种。无性系，灌木、中叶。
133	湘妃翠	2014 年第九批鉴定	'福鼎大白茶'天然杂交后代。无性系，灌木、中叶。
134	中茶 111	2014 年第九批鉴定	云桂大叶群体种。无性系，灌木、中叶。

　　自 2017 年 5 月 1 日起我国茶树品种管理实行品种登记制度，截至 2019 年 12 月底，全国先后完成了 47 个品种登记，见表 3。《非主要农作物品种登记办法》实施前已审定或者已销售种植的品种，申请者可以按照品种登记指南的要求申请品种登记，表 3 有部分新登记的品种是《非主要农作物品种登记办法》实施前已审（认、鉴）定的品种，如'本山''铁观音''梅占''大叶乌龙''楮叶齐'等。

表 3　我国完成登记的茶树品种来源和主要特征特性

序号	登记编号	品种名称	品种来源和主要特征特性
1	GPD 茶树（2018）350001	毛蟹	地方品种。无性系，灌木型、中叶，叶椭圆形，叶色深绿。
2	GPD 茶树（2018）350002	本山	地方品种。无性系，灌木型、中叶，叶椭圆或长椭圆形，叶色绿。
3	GPD 茶树（2018）350003	黄旦	地方品种。无性系，小乔木型、中叶，叶椭圆或倒披针形，叶色黄绿。

序号	登记编号	品种名称	品种来源和主要特征特性
4	GPD 茶树（2018）350004	铁观音	地方品种。无性系，灌木型，中叶，叶椭圆形，叶色深绿。
5	GPD 茶树（2018）350005	梅占	地方品种。无性系，小乔木型，中叶，叶长椭圆形，叶色深绿。
6	GPD 茶树（2018）350006	大叶乌龙	地方品种。无性系，灌木型，中叶，叶椭圆或倒卵圆形，叶色深绿。
7	GPD 茶树（2018）510007	紫嫣	四川中小叶群体种。无性系，灌木型，叶片中椭圆形。
8	GPD 茶树（2018）510008	川茶 6 号	崇庆枇杷茶群体种。无性系，小乔木，叶片中椭圆形。
9	GPD 茶树（2018）610009	陕茶 1 号	紫阳群体种。无性系，灌木型，中叶，叶色深绿。
10	GPD 茶树（2019）510001	蒙山 5 号	四川中小叶群体种。无性系，小乔木型，叶片中椭圆形。
11	GPD 茶树（2019）340002	茶农 98	安徽岳西群体种。无性系，灌木型，叶片中等椭圆形，新梢 1 芽 2 叶期第 2 叶浅绿色。新梢 1 芽 1 叶期早，红绿茶兼制，产量高，抗寒性强，抗旱性强。
12	GPD 茶树（2019）320003	锡茶 24 号	'福鼎大白茶'有性后代。无性系，小乔木型，中叶，叶色中绿。
13	GPD 茶树（2019）440004	鸿雁 1 号	'铁观音'自然杂交后代。无性系，叶片窄椭圆形。
14	GPD 茶树（2019）340005	皖茶 8 号	青阳黄石天云群体种。无性系，灌木型，叶椭圆形，叶色中绿。
15	GPD 茶树（2019）340006	皖茶 9 号	泾县汀溪群体种。无性系，灌木型，小叶，叶椭圆形，叶色中绿。
16	GPD 茶树（2019）520007	黔茶 1 号	'湄潭苔茶'。无性系，灌木型，中叶，叶片椭圆形，叶色绿。
17	GPD 茶树（2019）520008	黔茶 8 号	昆明中叶群体种。无性系，小乔木型，中叶，叶长椭圆形，叶色黄绿。
18	GPD 茶树（2019）520009	黔辐 4 号	'黔湄419'。无性系，小乔木，叶椭圆形，叶色深绿。
19	GPD 茶树（2019）520010	苔选 0310	'湄潭苔茶'。无性系，小乔木，中叶，叶长椭圆形，叶色绿。
20	GPD 茶树（2019）350011	白牡丹	地方品种。无性系，灌木型，中叶，叶片长椭圆形，叶色绿。
21	GPD 茶树（2019）370012	青农 3 号	黄山群体种自然杂交后代。无性系，灌木型，小叶，叶片长椭圆形。

续表

序号	登记编号	品种名称	品种来源和主要特征特性
22	GPD 茶树（2019）370013	寒梅	黄山群体种自然杂交后代。无性系，灌木型，小叶，叶片椭圆形。
23	GPD 茶树（2019）370014	青农 38 号	黄山群体种自然杂交后代。无性系，灌木型，中小叶，叶长椭圆形。
24	GPD 茶树（2019）420015	鄂茶 1 号	'福鼎大白茶'×'梅占'。无性系，灌木型，中叶，叶长椭圆形，叶色深绿。
25	GPD 茶树（2019）420016	鄂茶 5 号	'劲峰'自然杂交后代。无性系，灌木型，中叶，叶椭圆形，叶色绿。
26	GPD 茶树（2019）430017	楮叶齐	安化群体种。原产地 1 芽 3 叶期 4 月上旬，叶色绿或黄绿。
27	GPD 茶树（2019）430018	湘波绿 2 号	'福鼎大白茶'天然杂交后代。灌木型，中叶，早芽种。芽叶黄绿色，叶片长椭圆形，叶色深绿。
28	GPD 茶树（2019）430019	西莲 1 号	'福鼎大白茶'自然杂交后代。灌木型，大叶，中芽种。叶片中等椭圆形，芽叶黄绿色。
29	GPD 茶树（2019）430020	白毫早	安化群体种。原产地 1 芽 3 叶期在 3 月下旬至 4 月上旬，芽叶绿色。
30	GPD 茶树（2019）430021	黄金茶 2 号	黄金茶群体种。灌木型，特早芽种。叶片长椭圆形，叶长 9.5cm，叶宽 3.2cm，芽叶黄绿色。
31	GPD 茶树（2019）430022	保靖黄金茶 1 号	黄金茶群体种。灌木型，中叶，特早芽种。叶长椭圆形，芽叶黄绿色。
32	GPD 茶树（2019）430023	玉笋	'薮北'为母本，'福鼎大白茶'等混合花粉杂交后代。灌木型，早芽种。叶长 7.8cm，叶宽 2.7cm。
33	GPD 茶树（2019）430024	碧香早	'福鼎大白茶'×'云南大叶茶'杂交后代。灌木型，叶长 12.1cm，叶宽 4.6cm，叶片长椭圆形，叶色绿。
34	GPD 茶树（2019）430025	茗丰	'福鼎大白茶'×'云南大叶茶'杂交后代。灌木型，中叶，中芽种。叶长椭圆形，芽叶绿色。
35	GPD 茶树（2019）430026	尖波黄 13 号	'尖波黄'自然杂交后代。灌木型，早芽种。叶长椭圆形，芽叶黄绿色。
36	GPD 茶树（2019）430027	潇湘 1 号	'湘波绿'×'四川古蔺牛皮茶'杂交后代。灌木型，大叶，中芽种。叶片椭圆形，芽叶黄绿色。
37	GPD 茶树（2019）430028	湘红 3 号	江华苦茶群体种。小乔木型，中叶，中芽种。叶片长椭圆形，叶色黄绿。
38	GPD 茶树（2019）430029	湘茶研 4 号	江华苦茶群体种。小乔木型，中叶，中芽种，叶色黄绿。

续表

序号	登记编号	品种名称	品种来源和主要特征特性
39	GPD 茶树（2019）430030	湘茶研 2 号	'云南大叶茶'בˋ福鼎大白茶'杂交后代。小乔木型、中叶、特早芽种。叶长椭圆形，芽片黄绿色。
40	GPD 茶树（2019）430031	湘茶研 8 号	江华苦茶群体种。小乔木型、中叶、中芽种。叶色黄绿
41	GPD 茶树（2019）330032	庐云 3 号	庐山群体种。灌木型、中（偏早）芽种。叶片窄椭圆形，新梢 1 芽 2 叶期第 2 叶颜色浅绿色。
42	GPD 茶树（2019）330033	中黄 1 号	天台地方品种。灌木型、中叶、中（偏晚）芽种。叶椭圆形，春、秋、冬季新梢均为黄色。
43	GPD 茶树（2019）330034	中黄 2 号	地方品种自然黄化突变体。灌木型、中叶、中芽种。叶椭圆形，春茶新梢为葵花黄色，4 月上旬新梢第 3 叶下部 1/2～1/3 返绿。
44	GPD 茶树（2019）370035	北茶 36	黄山群体种。早芽种、育芽力强、抗旱、抗寒性强。
45	GPD 茶树（2019）360036	庐云 1 号	庐山群体种。灌木型、早芽种。叶窄椭圆形，新梢芽叶黄绿色。
46	GPD 茶树（2019）360037	庐云 2 号	庐山群体种。灌木型、早芽种、叶窄椭圆形，新梢芽叶黄绿色。
47	GPD 茶树（2019）370038	北茶 1 号	'福鼎大白茶'ב'龙井'群体种杂交后代。灌木型、中小叶，叶色黄绿。

3.7　茶树栽培品种主要繁殖方式

茶树与其他的植物一样，本身一代的生存有一定的时限，都要经过衰老，以至于最后死亡。所以当茶树生长发育到一定阶段时，就必然通过一定的方式，从它本身产生新的个体来延续后代。茶树的繁殖（reproduction）是指通过有性生殖（种子）或营养体繁殖方式再生，使种质个体数量增加和维持遗传完整性的过程。

3.7.1　有性繁殖

有性繁殖（sexual reproduction）是指通过有性过程产生雌雄配子结合，形成合子胚发育成种子繁殖后代，有完整的个体发育周期，是茶树本身通过种子天然繁殖后代的方式。人们通过种子繁殖茶树后代的方式称为有性繁殖（sexual multiplication）、种子繁殖，是人们繁衍茶树后代的主要方式之一。用种子繁殖的苗木称为有性苗、种子苗或实生苗，形成的品种称为有性系品种。

与营养体繁殖相比，有性繁殖有如下特点。

1）后代出现性状分离，建立有隔离措施的专用采种园或兼用采种园可减轻性状分离的程度；

2）通常需要经过 3～4 年的幼年期才能开花结实，种子寿命短，属顽拗型；

3）后代生活力、适应性和抗逆能力较强；

4）有些品种不结实或结实率低，难以满足生产的需要；

5）繁殖方法简便、成本低，便于包装和运输，有利于优良品种推广。

种子一般在采种后当年 11～12 月进行冬播，也可在采种后砂藏至翌年 2 月中旬至 3 月春播。冬播比春播出苗早，成苗率高，并可减少种子的储藏工作。春播应注意因储藏不当导致种子变质，造成生活力和发芽率下降。

播种前可用清水浸种 2～3 天，每天换水 1～2 次，浮在水面的种子捞出剔除。经浸种后的种子，最好加温催芽，可提早出土。方法是：将细砂洗净，用 0.1% 高锰酸钾消毒，砂盘底部铺上砂子，将种子置于砂盘中，高 6～10cm，放于 20～30℃温室，每天用温水淋洒 1～2 次。春播催芽 15～20 天，冬播催芽 20～25 天，当有 40%～50% 种子露出胚根时即可播种，催芽后播种可提早出土。

种子苗圃的苗床表面不需要铺心土，不必搭遮阳棚，也不必经常浇水，其他田间管理技术，均可参照扦插苗圃田间管理进行。苗圃播种量 1500～1800kg/hm²。

直接在生产茶园中进行播种的直播茶园，种子用量依种植密度大小而不同，每穴播种 3～5 粒，约 150kg/hm²。播种深度为 2～4cm，冬播深于春播。黏性土壤覆土厚度 2～3cm，砂壤土覆土 3～4cm。播种太浅，种子离地面近容易干燥，或因大雨冲刷，产生"露籽"现象，使种子失去发芽能力。播种太深，则因覆土太厚，茶苗出土晚且细弱，缺株多，生长参差不齐。适当浅播，保持覆盖物疏松，以利于种子发芽出土。茶树属子叶留土幼苗，即种子萌发时，上胚轴伸长，下胚轴基本不伸长，子叶藏留在土壤中而不随胚芽一起伸出土面（图 1）。

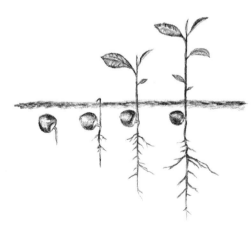

图 1　种子萌发过程（江昌俊绘，2020）

3.7.2　无性繁殖

无性繁殖（asexual reproduction）是指植物不经过两性细胞受精过程繁殖后代的方式，可分为营养体繁殖和无融合生殖。无融合生殖（apomixis）是指在其生活史中的某一阶段，在植物的一定部位产生具有繁殖能力的特化细胞或孢子，由这些特化细胞或孢子直接发育成新个体的原始体或能够独立生活的新个体的繁殖方式。营养体繁殖（vegetative reproduction 或 propagation），如茶树的扦插（cutting）、嫁接（grafting）、压条（layering）和分株（division）等是指人们在生产上，应用茶树营养体繁殖特性，通过营养体的一部分从母体分离，进而直接形成一个独立新个体的繁殖方式。营养体繁殖是利用营养器官繁殖后代，不涉及性细胞的融合，其实质是通过母体的体细胞有丝分裂产生子代新个体，后代不发生遗传重组，在遗传组成上和母体一致。在生产上茶树扦插、嫁接、压条、分株等繁殖方式泛称为无性繁殖，实际上属于人工营养体繁殖。以茶树营养体繁殖的苗木称为无性苗，形成的品种称为无性系品种。人工营养体繁殖是茶树良种繁殖中的重要途径之一，其中以短穗扦插法最为普遍。

与有性繁殖相比，茶树人工营养体繁殖有如下特点：①后代各种性状与母本相同，整齐一致，便于茶园管理，有利于提高工效；鲜叶原料便于加工，有利于控制和提高茶叶品质。②后代易携带母体的病虫害，生活力、适应性和抗逆能力相对较弱。③繁殖技术和育苗成本较高，移栽成活率相对较低。④是不实或结实率低的品种的主要繁殖途径。

3.7.2.1　短穗扦插

以枝条为繁殖材料，采用扦插法繁育的苗木称为扦插苗。

（1）采穗园的建立

采穗园（tea garden for harvesting cutting）亦称母树园、母本园、母穗园，是用于提供扦插繁殖所需穗条的茶园。采穗园应建立在土壤结构良好，土层深度80cm以上，pH 4.5～6.0，水源充足及交通方便的地方。采穗园亦可选用生长旺盛、青壮年的无性系生产茶园。种植规格可根据不同品种的树型和分枝情况而定，一般为行距150cm，株距30～40cm。

（2）穗条培养

插穗的优劣与品种的特性和采穗园的管理有关。俗语说："母壮子肥"，只有培育强壮的母树，才有健壮饱满的插穗，有了健壮饱满的插穗，才能为培育优质茶苗创造先决条件。因此采取有效的农业技术措施，使母树新陈代谢处于旺盛状况，新梢积累充足的营养物质，为插穗的发育和生长打下良好的物质基础。对采穗园的管理工作大体与采叶园相似，但管理水平要比采叶园高，主要农业技术措施有以下几项。

1）修剪

修剪是采穗园管理工作中的一项重要措施，不论新种植的或原有的采叶园改造的采穗园都要进行修剪，以利于培育健壮的插穗。专供扦插繁殖的，则可按树势进行不同程度的修剪。修剪的时期取决于扦插的时间，夏插（6～7月）在春茶前（2～3月）修剪，秋冬插（8～11月）在春茶采摘结束后进行修剪。剪去母树距地面40～50cm上部枝条，促进腋芽生长出健壮枝条供扦插用。同时注意剪掉茶蓬中的拖地枝和弱枝，利于通风透光，促进新梢萌动和生长。

2）施肥

由于每年要从母树上剪取大量的新生枝叶作繁殖材料，因此，要特别加强肥培管理，防止母树早衰。施肥水平略高于一般采叶园，重施基肥，以促使新梢强健。10月中下旬施饼肥3750～4500kg/hm^{2}或厩肥30 000～37 500kg/hm^2，同时施入硫酸钾300～450kg/hm^{2}和过磷酸钙450～600kg/hm^2。翌年春茶发芽前30天施尿素300kg/hm^2，夏插在剪穗后再施尿素225kg/hm^2，秋插在春茶结束蓬面修剪后再施尿素225kg/hm^2。

3）及时打顶

插穗的成熟度与插后的成苗率关系密切。成熟的枝条标志着生长停止，驻芽形成，枝条从下而上逐渐变成红棕色，呈木质化或半木质化。如果预计到扦插时插枝顶端尚未形成驻芽，就应在采穗前10～15天摘去顶部1芽2叶或对夹叶新梢，迫使枝梢停止生长，促进成熟。那些腋芽饱满、枝节粗壮且呈红棕色的插穗最容易发根成苗，绿色硬枝也容易发根成苗，因为这类插穗积累的生理营养物质较丰富，细胞原生质胶体具有较高的持水力和吸水力。

此外，营养生长与生殖生长是存在矛盾的，较多的花蕾会消耗大量的养分，削弱枝叶的生长，并影响到扦插的成活率和幼苗的质量，因此在扦插前要清除插穗上的花蕾。

（3）采穗

1）剪枝

母树以青年期为最佳供穗期，扦插发芽率和生根力均较高，而中老年期的母树枝条长势弱，鸡爪枝多，易老化，成活率低。

穗条是用作扦插繁殖的枝条，穗条利用率是可剪标准插穗占穗条量的比率。无性繁殖系数是指一株母树一次或一个生产年内所能繁殖的苗木数量，与品种、繁殖方式、母树年龄和管理水平有关。短穗扦插法在无性繁殖方式中繁殖系数最高，繁殖力强的中小叶种一株母树一个生产年内所能繁殖的苗木数量可达 150～200 株，大叶种为 100～140 株，一般 1hm² 母树园可供 2.5hm² 左右扦插苗圃的用穗量。此外，还可利用幼年定型修剪的枝条作为扦插材料，但不能只顾剪枝而把茶树剪得参差不齐或过度剪枝而削弱树势，以致影响下批插穗的培养。

新梢逐渐木质化且新梢的 1/3 已变红棕色时为剪取插穗适当时期，剪枝前必须先进行病虫防治，保证无病虫携入苗圃。采剪枝条宜在早上进行，这时空气湿度大，枝叶含水量多，易于保持新鲜状态。剪下的枝条要放在阴凉潮湿的地方，最好当天剪穗当天扦插，储藏与运输要注意保湿，不能超过 3 天。

2）剪穗

根据插穗留叶数，短穗扦插分为半叶插、一叶插和二叶插，根据穗条的长短分为长穗扦插和短穗扦插。留一叶短穗扦插（大叶品种短穗可剪去 1/2 叶片）具有母穗用量省、成活率高、繁殖系数大等特点，是目前广泛使用的繁殖方式。

短穗扦插 1 个标准的插穗：茎干木质化或半木质化，大叶品种长度为 3.5～5.0cm，中小叶品种长度为 2.5～3.5cm，具有 1 片完整叶片和 1 个健壮饱满腋芽（1 芽 1 叶 1 寸长），见图 2。没有腋芽，或腋芽有病虫害，或人为损伤者不能使用，没有叶片或病虫叶片也不能使用。插穗的上下剪口稍斜，要求平滑，上剪口靠近腋芽的内侧高于外侧，留桩以 0.2～0.3cm 为宜，过短易损伤腋芽，过长则又会延迟发芽。节间小于 2.5cm 的，可把两节剪成 1 个插穗，并剪去下端的叶片和腋芽。

（4）苗圃的建立

苗圃地环境应符合 NY 5020 的规定。宜建在地面平坦，交通便利，土壤 pH 4.5～6.0，结构良好，靠近采穗园及水源的地方。同一地块应每隔 1～2 年轮作一次。

苗圃地应先清除杂草、树根、石块等杂物，提前 10～15 天进行全面深耕 30～40cm。苗床四周要建立排灌水沟，沟深 40～50cm，宽约 30cm。畦

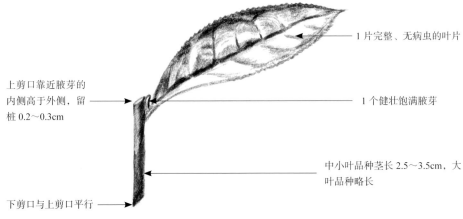

上剪口靠近腋芽的内侧高于外侧，留桩 0.2～0.3cm

1 片完整、无病虫的叶片

1 个健壮饱满腋芽

中小叶品种茎长 2.5～3.5cm，大叶品种略长

下剪口与上剪口平行

图 2　标准插穗示意（江昌俊绘，2020）

面宽 100～120cm，高度 20～40cm，长度以地形而定，以 150～200cm 为宜，苗床的畦与畦之间的操作沟宽约 30cm，埋桩放线做畦。于畦表面均匀撒施腐熟的饼肥 3750～4500kg/hm²（或 25% 复合肥 1200～1500kg/hm²），然后与本田土翻匀耙细。

　　选择土层深厚的酸性红、黄壤生荒地或疏林地，铲除表土，取表土层以下腐殖质含量很少的心土，用孔径 1cm 的筛子过筛，铺放在畦面上，略压实后心土厚度 5～7cm，使插穗插入在心土中，防止插穗剪口腐烂，促进早日发根，而且可减少畦面杂草滋生。

　　畦面铺心土工作量大，投入成本高，可采用无心土扦插技术。施肥的同时用杀虫剂、杀菌剂进行土壤消毒，所用杀虫剂、杀菌剂应符合 NY 5244 的规定。苗床整好后进行连续沟灌，以便药剂充分渗透土壤，杀死虫卵与病菌。不铺心土扦插成活率、茶苗出圃率与铺心土大致相同，可节约成本和减少取土对环境的破坏。

　　（5）扦插

　　中国茶区辽阔，气候多样，春插是利用上年秋梢，华南茶区在 2～3 月扦插，茶苗当年可以出圃；江南茶区略迟，在 3～4 月扦插；江北茶区常在 4 月间开始扦插。夏插是利用当年春梢或春夏梢，在 6 月中旬到 8 月上旬扦插。秋插是利用当年夏梢或夏秋梢，在 8 月中旬至 10 月上旬扦插。冬插是利用当年夏秋梢或秋梢，在 10 月中旬至 12 月扦插，一般在气温较高的华南茶区采用。品种不同，扦插后生根快慢有所差异，生根慢的品种，秋季扦插后不易越冬，需在8月底前扦插。由于秋插和夏插优点多，被多数茶区采用。

插穗发根慢，在适宜环境下需30天左右才会发根，形成第一轮根系要60天左右。用植物生长素（如萘乙酸、ABT生根粉等）处理插穗，可提高生根能力。

先按行距要求划好行线，然后沿行线、按株距把插穗直插或稍斜插入土中，露出叶柄，避免叶片贴土，叶片朝向应视当季风向而定，必须顺风，使风从叶基到叶尖吹过，否则叶片易受风吹而脱落，影响成活。边插边将土稍加压实，使插穗与土壤密接，有利于发根。扦插密度中小叶品种应大些，一般行距8~10cm，株距2cm左右，每667m²（约1亩）适宜扦插20万~25万株；大叶品种扦插密度可小些，一般行距10~12cm，株距2.5cm左右，每667m²适宜扦插13万~16万株。密度过小，苗圃利用率低；密度过大，扦插成活率下降，茶苗长势纤弱。晴天宜在上午10时前和下午3时后进行扦插。

（6）浇水

扦插完毕后将水浇足浇透。

（7）搭棚

根据遮阳棚高度分为高棚（180~200cm）、中棚（70cm左右）和矮棚（40~50cm）几种类型，高棚或中棚内可再搭设矮棚成双层棚，用塑料薄膜控温控湿。

茶农常用拱形矮棚，用长2m左右的竹片，每隔1m左右，将竹片两端插入苗畦两侧的土中，形成中间高50cm左右的弧形棚架。每亩需竹片约500根。需要控制温湿度时，覆盖塑料薄膜；需要控制光照时，覆盖遮光率为65%~75%黑色遮阳网。

（8）苗圃管理

1）水分管理

在扦插初期未发根前，保持土壤及空气湿润极为重要。但是土壤水分过多，又影响土壤通气性，不利于插穗发根长苗。一般晴天早晚各浇一次，阴天一天一次，雨天不浇，大雨久雨还要注意排水。发根以后，可3~5天浇（灌）一次。沟灌时灌到畦高3/4，经3~4h，即可排水。幼苗成株后，适时浇（灌）水和排水。

2）越冬管理

越冬期间为了增强插穗的抗寒性，减少杂草，可采用苗床铺草越冬。将稻草用 10% 的石灰水浸泡 5min，捞出晒干，冬至前后把稻草铺于苗床畦面，以盖满畦面看不见扦插叶片为宜，稻草需用量约为 3500kg/hm²，2 月上旬气温稳定在 0℃以上时，及时把稻草撤除。

冬季寒冷的江北茶区越冬前 1～2 个月停止施肥，覆盖薄膜前先浇足水。拱形矮棚覆盖厚度为 0.08～0.12mm 的聚氯乙烯或聚乙烯无滴薄膜，薄膜上加盖一层遮阳网，将薄膜和遮阳网四周边缘埋入土中形成封闭状，当土壤干燥发白时，揭膜浇水。或者在薄膜上部 20～30cm 再搭一拱形棚成双层棚，或几个拱形矮棚组成一个较大的中棚或高棚，中棚或高棚顶部覆盖遮阳网或薄膜。

3）通风管理

气温较高时棚内温度可高达 40℃以上，须及时通风，防止插穗叶片产生灼伤，晴天午间要细致观察，温度达 30℃以上时，及时掀开薄膜两端通风散热，下午降温后及时盖膜保湿保温。

（9）炼苗

长期生长在薄膜覆盖下的茶苗，十分娇嫩柔弱，茎秆较细，难以适应自然条件，必须对扦插苗炼苗，炼苗分以下两种处理方式。

秋冬插苗圃：翌年当日平均温度稳定通过 10℃时，将背风向阳面遮阳网和薄膜揭开，逐渐锻炼茶苗，使其适应自然条件下的温湿度，同时进行拔草和浇水，傍晚仍将薄膜盖上。连续 2 周左右，如遇阴雨天，全面揭掉薄膜。如遇晚霜仍要及时覆盖薄膜或遮阳网。待茶苗发根（图 3），将苗圃覆盖物全部揭去，此时不需要天天浇水。但由于扦插苗的根系分布较浅，根据

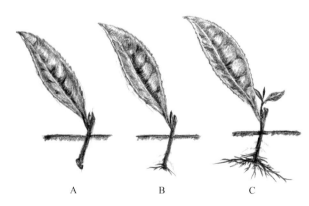

图 3　短穗扦插发根过程（江昌俊绘，2020）
A.剪口愈合阶段；B 和 C.插穗发根阶段

天气进行浇水或排水，保持畦面土壤不泛白。每隔 15～20 天薄施一次液肥，液肥可用 10% 充分腐熟的饼肥（饼肥水 1 份兑清水 10 份），亦可施稀释 100 倍的尿素或稀薄人粪尿。在幼苗生长旺季，可按 75～120kg/hm² 撒施尿素，并随后浇水冲淋。霜降后可移栽定植。

夏插苗圃：薄膜覆盖 50～60 天，即可揭膜炼苗。夏季扦插揭膜炼苗时常会遇到秋旱，必须逐步揭除薄膜，方法同秋冬插。经过 1 个多月炼苗以后进入冬季，为使幼苗安全越冬，可再行覆盖，使茶苗安全越冬。

（10）茶苗出圃

茶苗在苗圃经过一年左右时间生长，一般于当年秋季或翌年春、秋季出圃。在云南和广西部分茶区，因冬春季干旱，一般于当年 7 月雨季起苗移栽。最好在阴天或早晚起苗，苗圃土壤应湿润疏松，尽量减少起苗至移栽的时间。在久旱的情况下，取苗前 1～2 天对苗圃进行浇灌，使根系在起苗挖取时的损伤减小到最低。

3.7.2.2 嫁接

嫁接是一株茶树体上的枝条或芽体移接到另一株带根的茶树上，使二者彼此愈合，共同生长在一起。保留根系的、被接的植株称为"砧木（stock）"，接上去的枝条或芽体称为"接穗（scion）"。接合时，两个伤面的形成层互相靠拢紧贴，各自增生新细胞，形成愈伤组织。嫁接的方法有靠接、芽接和枝接，枝接又可分为切接和劈接等。在休眠期采集的接穗称为硬枝接穗，在生长季采集的接穗称为嫩枝接穗或半木质化接穗。嫁接成活后，接穗可以生长形成树冠，并生产产品。后代性状的表现以接穗为主，也受砧木的影响，影响程度个体间存在差异。

嫁接繁殖主要用于老茶园改造换种，嫁接后接穗可利用砧木的根系吸收养分和水分，生长迅速，抗性强。一年后的生长量能达到改植换种 2～3 年的生长水平，成园快，缩短了改植换种的幼苗培育期。嫁接时期宜在 5～10 月，在低位枝上进行枝接。劈接主要技术操作过程如下所述。

（1）台刈剪（锯）砧

在离地 10～20cm 剪（锯）掉茎干，保证截面平滑，勿损伤皮层，并将剪下的枝条及时清理出园。

（2）剪穗削穗

接穗选择半木质化（棕红色）中下段，带一健壮无病叶片和饱满腋芽，每枝接穗长 3～4cm，用利刀将接穗下端削成 1.5cm 长、2 个向内斜面的楔形。

接穗面要平整光滑，这样削面容易和砧木劈口紧靠，两面形成层容易愈合。接穗削好后注意保湿，防止水分蒸发和沾上泥土。

（3）劈砧接穗

用劈刀在砧木截面中心或 1/3 处纵劈深 2cm，插入一端削成楔形的竹签，撑开切口。把削好的接穗迅速插入，外缘对齐，接穗与砧木形成层紧密连接，见图 4。取出竹签，用嫁接带绕圈绑紧，并将切口封严。粗的砧木可两边各插一个接穗，出芽后保留一个健壮的。插接穗时，不把削面全部插进去，要外露 0.1～0.2cm，这样接穗和砧木的形成层接触面较大，有利于分生组织的形成和愈合。

竹签

腋芽

接穗（优良品种枝条）

接穗与砧木形成层紧密连接

砧木（台刈后的老茶树）

图 4　劈接–低位枝接（江昌俊绘，2020）

（4）套袋保湿

用嫁接袋套住嫁接部位进行保湿，袋内最好有支撑物将套袋撑开，基部用塑料线扎紧，以保持袋内湿度，至新梢长至 10～15cm 时去袋。

（5）浇水遮阳

嫁接初期，浇水是一件经常性的工作，尤其是刚嫁接的第一个月，接穗与砧木还未愈合为一体，保湿工作显得更为重要。在气温高、光照强期间，每天清晨或傍晚要浇水。以洒水壶浇洒为好，但不要用水流直接冲击接穗，以免造成接穗松动，影响嫁接的成活率。搭小拱棚或高棚遮阳 2 个月左右，遮光率 60%～70%。

（6）除草除萌

嫁接后应及时除草，抹除老丛萌发的新芽，施肥并防治病虫害。

（7）定型修剪

树高长至40cm时，离地20cm进行第一次修剪；翌年树高长至50～60cm时，离地40cm进行第二次修剪。当年冬季可通过培土、地面覆盖等措施防冻。

（8）封行成园

通过轻采留养进一步扩大树冠，增加分枝密度，后期参照正常茶园管理。

3.7.2.3　压条

压条繁殖是将母树枝条埋压土中，使之长出根系和新梢，与母树分割后即成为独立植株。方法简便，易管理，成苗率高，生长迅速，但繁殖系数小，常用于茶园植株补缺。采用的方式有：① 弧形压条；② 堆土压条；③ 水平压条；④ 空中压条。

3.7.3　现代化育苗技术

3.7.3.1　容器育苗

容器育苗是指在容器中装入营养土或栽培基质繁育苗木的一种育苗方法，所育的苗木称为容器苗。容器育苗一般利用短穗繁育无性苗，但也完全可以用种子繁育有性苗。

（1）容器育苗的优缺点

与苗圃地短穗扦插相比，具有以下优缺点：①根系发达。根长和根重增加，苗高和茎粗亦都有不同程度的提高。②利于茶苗移栽。移植不受季节限制，四季均可移栽种植。容器苗为全根、全苗移植，移植后没有明显的缓苗期，生长快，移植成活率可以达到100%。③适宜机械化、规模化和工厂化生产与管理。④比苗圃地育苗成本高5～10倍。运输体积较大，运输费用高。

（2）容器的选择

容器育苗关键是容器的选择和营养土或栽培基质的配制，其他技术和管理与扦插育苗技术大致相同。

育苗容器种类繁多，根据制作材料、规格大小和形状不同而不同。主要有两大类：一类是可栽植容器，这种容器可在土中分解，移植时可与苗木一起栽入土中。另一类是不可栽植容器，一般由塑料、聚乙烯等材料制成，移栽时必须将茶苗从容器中取出栽植。常用的容器有：

直径6～8cm、高15～18cm圆柱形筒状塑料袋或塑料钵。

直径5～6cm、高10～12cm可降解无纺布网袋容器。

直径6～7cm、高10～15cm林木育苗穴盘。

（3）营养土或栽培基质的配制

营养土材料包括农林废弃物类和轻体矿物类两类。农林废弃物类主要有作物秸秆、树皮、锯屑、稻壳、食用菌废料等，使用前要经过粉碎、堆沤发酵或炭化、过筛、分类。轻体矿物类主要有壤质黄心土、塘泥土、炉渣、煤渣、草炭、粗粒珍珠岩、蛭石等。营养土配方中农林废弃物类占30%～50%，轻体矿物类占50%～70%为宜。每立方米加4～5kg腐熟粉状饼肥和2～3kg过磷酸钙，充分拌匀后，配制成pH 4.5～6.0，既不松散，又不黏结，水肥与气热性能良好的营养土。

繁育常用栽培基质配方有：①草炭∶珍珠岩∶蛭石＝2∶1∶1；②草炭∶珍珠岩＝3∶1；③草炭∶珍珠岩＝5∶1；④草炭∶石英砂∶珍珠岩＝4∶1∶1；⑤草炭∶片麻岩∶鸡粪＝3∶1∶0.5。

用有底的塑料薄膜容器灌装基质时，分层轻压，直至装满；无纺布网袋可以进行机械化装填，经0.15%的高锰酸钾溶液浸泡杀菌，切成合适长度的小段，装入塑料托盘待用。

育苗容器一般摆成宽1m、长8～10m，步道宽0.4m，排列整齐、横竖成行、床面平整。用苗床步道上的土壤，把苗床四周培好，容器间空隙填实，浇透水至容器中的营养土沉实。用复合肥作基肥的，应重复浇灌，使复合肥颗粒溶解。

3.7.3.2 工厂化育苗

工厂化育苗可缩短育苗周期，加速新品种推广。工厂化育苗是基于计算机环境控制技术与生物技术相结合的一种现代育苗技术，繁殖材料以穴盘为容器，营养液或固体基质材料为基质，在完全或基本人工控制的智能化环境下快速生根成苗。工厂化育苗一般需要在智能化温室进行，温室由框架结构、加热系统、降温系统、喷灌系统及光照调控系统5部分组成，配置可移动式苗床，采用控制软件进行记录、监督和控制，实现育苗过程的光、温、水、肥、气的全智能化控制。

工厂化育苗的环境控制如下：育苗基质相对含水量降到70%左右时进

行浇水，空气湿度控制在 60%～80%，室温夏季控制在 20～35℃。春秋季节温室采用自然光照，夏季光照强烈时开启外遮阳网减少光强 30% 左右，冬季天黑后用人工补充光照，平均光强为 4000lx 左右，光照时间超过 12h，阴雨天也需要补充光照。工厂化育苗可以进行一年双季育苗，春季 3 月中旬育苗，8 月茶苗高度达 20cm 左右，炼苗后移栽成活率近 100%；秋季 8～9 月育苗，冬季完成根系建立，开春后茶苗高度达 20cm 以上，炼苗后移栽。

4 河南茶树地方种质资源的考察与研究

4.1　河南茶区生态条件

　　河南省种茶历史悠久，唐代陆羽《茶经》将信阳归为八大茶区中的淮南茶区。河南茶区位于我国南北气候的过渡带，是南茶北移的过渡区，茶区土壤肥沃、呈酸性，光照充足。年均气温约15℃，≥10℃年活动积温4800～5100℃，年降水量900～1200mm，相对湿度70%～80%，降水量和光热条件均能满足茶树正常生长。

　　信阳茶区年平均气温一般年份14.5～15.5℃。3月下旬开始，日均温达10℃，可持续220多天，直到11月下旬才下降，有效积温达4864℃。4～11月的月平均气温为20.7℃，最热的7月为27.7℃，最冷的1月为1.6℃。信阳雨量充沛，年平均降水量为1135mm，而且多集中在茶树生长季节。4～11月的光照时数为1593h（占全年总时数的73%），太阳辐射量为89kcal[①]/cm²，有效辐射量为44kcal /cm²。茶农多选择在海拔300～800m的山区种茶，山区土壤多为黄、黑砂壤土，深厚疏松，腐殖质含量较多，肥力较高，pH 4.0～6.5。山势起伏多变，森林密布，植被丰富，雨量充沛，云雾弥漫，相对湿度75%以上，日夜温差较大，年平均气温较低，茶树芽叶生长缓慢，有利于氨基酸、咖啡碱等含氮化合物的合成与积累，有效物质积累较多。

4.2　河南茶产业现状

　　河南省茶区位于我国江北，主要分布在豫南的大别山 - 桐柏山区，茶树以灌木型中小叶种为主。

　　截至2018年年底，河南省茶园面积16万hm²，干毛茶总产量6.7万t，均位居全国产茶省第10位，是我国绿茶主要产区之一。河南茶区主要集中在信阳市，信阳素有"北国江南，江南北国"之美誉，茶是信阳的象征，信阳毛尖是全国十大名茶之一。2018年，信阳茶园面积超过14万hm²，占河南省茶园总面积的近90%，茶叶产量6.6万t。

――――――――――

① 1cal≈4.184J。

4.3 河南茶树地方种质资源的考察与收集

于 2016 年 10 月～2019 年 10 月，河南茶树地方种质资源研究课题组对河南信阳市浉河区、平桥区、罗山县、光山县、新县、商城县、固始县、潢川县和南阳市桐柏县 8 个县（区）地方种质资源进行了考察，在豫南茶区浉河区董家河镇车云山村，浉河港镇陡坡村、桃园村、白龙潭村；信阳市茶叶试验站；罗山县灵山镇灵山寺；光山县晏河乡净居寺；商城县金刚台镇金刚台风景区、苏仙石乡东河村；新县陈店乡磨云山村；桐柏县金庄村 11 个村 20 余处地方群体种茶园进行了寻访、调查，采集了 119 份不同类型的资源样品。119 份种质资源具体来源情况见表 4。

表 4　119 份茶树种质资源来源情况

调查地点	资源个数
信阳市浉河区浉河港镇陡坡村	34
信阳市浉河区董家河镇车云山村	19
信阳市浉河区浉河港镇白龙潭村冇人山	8
信阳市平桥区信阳市茶叶试验站	6
信阳市罗山县灵山镇同心村灵山寺	19
信阳市光山县晏河乡净居寺	11
信阳市商城县金刚台镇金刚台风景区	4
信阳市商城县苏仙石乡东河村	7
南阳市桐柏县城郊乡金庄村	11

4.4 河南茶树地方种质资源的研究

4.4.1 表型特征的观测和描述

种质资源表型特征描述及观测方法参见表 5 及图 5、图 6、图 9、图 10、图 11、图 13 和附图。主要观测了树型、树姿、新梢发芽密度、芽叶色泽、1 芽 3 叶长、1 芽 3 叶百芽重、芽叶茸毛、芽叶光泽、叶长、叶宽、叶面积、叶形、叶色、叶面隆起性、叶片横切面形态、叶片着生角度、叶缘波状程度、叶面光泽性、叶齿（锐度、密度、深度）、叶片厚度、叶尖形状、叶基形状、花柱长度、花柱裂位、柱头开裂数、子房茸毛、花丝长度、雌雄蕊相对高度、结实力、果实形状、果实大小、果皮厚度、种子形状、种子百粒重、种径、种皮色泽38个表型特征。

表 5   表型特征观测和描述的方法

类别	性状	性状描述	划分标准和观测方法
植株	*树型	乔木、小乔木、灌木	取样：5 龄以上自然生长植株，有性繁殖资源随机取样 10 株，无性繁殖资源随机取样 5 株。 乔木型：从基部到顶部主干明显；小乔木型：基部主干明显，中上部主干不明显；灌木：无明显主干，从根颈处开始分枝。 目测，以多数样本为代表。
	*树姿	直立、半开展、开展	取样同上。 灌木型测量外轮主干与地面垂直线的夹角，乔木和小乔木型测量一级分枝与地面垂直线的夹角。 一级分枝与地面垂直线的夹角<30° 为直立，30°≤一级分枝与地面垂直线的夹角<50° 为半开展，一级分枝与地面垂直线的夹角≥50° 为开展。 量角器测量，以多数样本为代表。
新梢	*1 芽 2 叶或 1 芽 3 叶长（mm）		取样：当春梢第 1 轮侧芽 1 芽 2 叶或 3 叶占全部侧芽数的 50% 时，从新梢鱼叶位处随机采摘 1 芽 2 叶或 3 叶 30 个。 第 2 叶或第 3 叶的叶柄基部至芽生长点长度，用平均值表示。
	*1 芽 3 叶百芽重（g）		取样同上。 100 个 1 芽 3 叶的重量为百芽重。
	*芽叶色泽	玉白、黄、黄绿、浅绿、绿、紫绿	当春梢第 1 轮 1 芽 2 叶占供试全部新梢的 50% 时，有性繁殖资源随机采摘 1 芽 2 叶 20 个，无性繁殖资源采摘 10 个。
	*芽叶茸毛	特多、多、中、少、无	感官判断芽叶色泽、茸毛和光泽，手感芽叶持嫩性，以多数样本为代表。
	*芽叶光泽	强、中、暗	发芽密度：通过 1 芽 2 叶期时，每份资源随机取 3 个点，调查每个点 33.3cm×33.3cm 面积，叶层 10cm 内萌动芽以上的芽梢数，用平均值表示。
	芽叶持嫩性	强、中、弱	
	*发芽密度	密、中、稀	
成熟叶片	*叶长（mm）		取样：测量当年生枝干中部成熟叶片，每株取 2 片。有性繁殖资源取 20 片，无性繁殖资源取 10 片。
	*叶宽（mm）		
	*叶面积（cm²）	特大叶、大叶、中叶、小叶	叶长为叶片基部至叶尖长度，叶宽为叶片最大的宽度，以平均值表示。 叶面积＝叶长×叶宽×0.7。小叶<20cm²、20cm²≤中叶<40cm²、40cm²≤大叶<60cm²、特大叶≥60cm²

类别	性状	性状描述	划分标准和观测方法
成熟叶片	*叶形	披针形、长椭圆形（窄椭圆形）、椭圆形（中等椭圆形）、卵圆形和近圆形（阔椭圆形）	叶形指数＝叶长/叶宽。 叶形：长/宽≤2.0 为近圆形（最宽处近中部）、卵圆形（最宽处近基部），2.0＜长/宽≤2.5 为椭圆形，2.5＜长/宽≤3.0 为长椭圆形，长/宽＞3.0 为披针形。以多数样本为代表。
	*叶色	黄绿、浅绿、绿、深绿	叶色：感官判断叶片正面的颜色，以多数样本为代表。 叶面隆起性：感官判断叶片正面的隆起程度，以多数样本为代表。 光泽性：感官判断叶片正面的光泽性，以多数样本为代表。
	*叶面隆起性（叶片上表面隆起性）	隆起、微隆起、平	
	*叶面光泽性	强、中、暗	叶缘波状程度：感官判断叶缘波状程度，以多数样本为代表。
	*叶缘波状程度	波状、微波状、平直状	叶齿密度：稀＜2.5 个锯齿/cm、2.5 个锯齿/cm≤中＜4 个锯齿/cm、密≥4 个锯齿/cm。以平均值表示。
	*叶齿（叶片边缘锯齿）	密度：密、中、稀；锐度：锐、甲、钝；深度：深、中、浅	叶齿锐度和深度：目测，以多数样本为代表。 叶片横切面形态：目测，以多数样本为代表。 叶片厚度：测微器测量叶片中间主脉旁边的厚度，以平均值表示。
	*叶片横切面形态	内折、平、稍背卷	叶质：手感判断叶片质地的柔软程度，以多数样本为代表。
	*叶片厚度（mm）		叶脉粗细：目测，以多数样本为代表。 叶脉对数：形成闭合侧脉的对数，以平均值表示。
	叶质	硬、较硬、软	先端形状：渐尖为先端较长，呈逐渐渐尖；急（锐）尖为先端较短；钝尖为先端钝而不锐。目测，以多数样本为代表。
	叶脉粗细	粗、细	
	叶脉对数（对）		叶基形状：楔形、钝形、近圆形。目测，以多数样本为代表。楔形为叶基下部尖、上部宽的"倒三角"形；钝形为楔形至近圆形的中间形状。
	*先端形状（叶尖形状）	渐尖、急（锐）尖、钝尖	
	*叶基形状	楔形、钝形、近圆形	叶片着生角度：叶片与茎干夹角，着生角度＜45° 为上斜，45°＜着生角度≤80° 为稍上斜，80°＜着生角度≤90° 为水平、着生角度＞90° 为下垂，以多数样本为代表。
	*叶片着生角度（着生姿势）	上斜、稍上斜、水平、下垂	
花	花梗长度（mm）	短、中、长	取样：盛花期随机取完全开放的花 10 朵。 萼片数：一朵花的萼片数，用平均数表示。 花瓣数目：一朵花的花瓣数，外轮与萼片连生的花瓣形态有时介于两者之间，应计入花瓣数。用平均数表示。
	萼片数（片）		
	萼片颜色	绿、紫红	
	萼片茸毛	有、无	

续表

类别	性状	性状描述	划分标准和观测方法
花	花瓣数目（枚）		花瓣质地：手感判断，以多数样本为代表。 花冠直径：已完全舒展的花冠十字形长度，用平均值表示。 花柱长度：测量柱头基部与子房顶部间的长度，用平均值表示。 花柱裂位："高（微裂）"为开裂部分小于花柱总长的1/3；"中（中裂）"为开裂部分等于或大于花柱总长的1/3，小于2/3；"低（深裂）"为开裂部分等于或大于花柱总长的2/3。 柱头开裂数：花柱顶端的分裂数。 子房茸毛：目测，以多数样本为代表。 雌雄蕊相对高度：正常开放花朵雌蕊和雄蕊的相对高度。目测，以多数样本为代表。
	花瓣颜色	白色、淡绿、淡红	
	花瓣质地	硬、较硬、软	
	花冠直径（mm）		
	*花柱长度（mm）	短、中、长	
	*花柱裂位（分裂位置）	高、中、低	
	*柱头开裂数（裂）		
	*子房茸毛	有、无	
	子房茸毛密度	稀、中、密	
	雄蕊数（个）		
	*花丝长度（mm）		
	*雌雄蕊相对高度（雌蕊相对于雄蕊高度）	雌蕊高、雌雄蕊等高、雌蕊低	
	花粉形状	圆球形、近扁球形、近长球形、长球形	取样同上。 扫描电子显微镜观察。
	花粉萌发孔数目	2孔沟、3孔沟、4孔沟、6孔沟	
	花粉萌发孔类型	缝状、带状、梭状或椭圆状	
	花粉粒表面纹饰	光滑型、粗糙型、穴型	
果实、种子	*果实形状	球形、肾形、三角形、四方形、梅花形、不规则形	取样：在果实成熟期的10～11月，随机摘取发育正常的果实20个。 果实大小：十字形测量鲜果的直径，用平均值表示。 果皮厚度：果实采收后在室内阴凉处摊放20天左右，再测量干果皮中部的厚度，用平均值表示。
	*果实大小		
	*果皮厚度（mm）		
	*种子形状	球形、半球形、锥形、肾形、不规则形	取样：在果实成熟期的10～11月，摘取发育正常的果实，果实采收后在室内阴凉处摊放20天左右，待果皮自然开裂种子脱落后，随机取10粒成熟饱满种子。

续表

类别	性状	性状描述	划分标准和观测方法
果实、种子	*种子百粒重（g）		种子形状：目测，以多数样本为代表。 种皮色泽：种子的外种皮色泽，目测，以多数样本为代表。 种子百粒重：100 粒种子的重量。 种径：即种子直径，是种子大小的度量值。十字形测量，平均值表示，大：14mm 以上，中：12～14mm，小：12mm 以下。 种皮色泽：目测，以多数样本为代表。 结实率＝0，无；0＜结实率≤5%，弱；5%＜结实率≤15%，中；结实率＞15%，强。
	*种径（种子大小）	大、中、小	
	*种皮色泽	褐色、棕褐色、棕色	
	*结实力	强、中、弱、无（不结实）	

注："*"表示本研究观测的表型特征。

4.4.1.1　新梢

茶树的叶由叶原基（leaf primordium）生长分化而来。当芽形成和生长时，在生长锥的亚顶端，周缘分生组织区的外层细胞不断分裂，形成侧生的突起，朝着长、宽、厚三个方向进一步生长逐渐形成具有叶片、叶柄等结构雏形的幼叶。冬季茶树树冠上有大量的呈休眠状态的营养芽，芽的外面覆盖着鳞片越冬。第二年春季当气温上升到10℃左右时，营养芽便开始萌动、鳞片展、鱼叶展、1 芽 1 叶、1 芽 2 叶……见图5。真叶全部展开后，顶芽生长休止，形成驻芽。茶树为互生叶序，即每节上只生一叶，交互而生。

图 5　茶树新梢

新梢生育期的观察，是根据茶树新梢芽叶外部形态变化，记载越冬芽在春季气温上升以后，从芽萌动到形成驻芽整个生育过程中各生育期出现的日期，以了解新梢芽叶的发育速度和进程。

（1）芽萌动期（芽膨大期）：芽鳞片展开，芽尖伸露。

（2）鳞片开展期：鳞片开展。

（3）鱼叶开展期：鱼叶和芽体分开、平展。

（4）真叶开展期：真叶完全平展，包括1芽1叶期、1芽2叶期、1芽3叶期等，如果叶片未完全开展的时期称为初展期，如1芽1叶初展期、1芽2叶初展期、1芽3叶初展期等。1芽2叶、1芽3叶期为红、绿茶主要采摘期。

（5）新梢生长休止期：当新梢生长成熟，或者由于环境条件不利，顶芽生长休止而形成"驻芽"称为休止期，或称为驻芽期或新梢成熟期。

4.4.1.2　成熟叶片

叶片各种表型如叶形、叶面积、叶色、叶缘、叶面、叶脉、叶尖和叶基等都是数量性状，受多基因控制，表现出多种多样的形态。另外，叶片这些表型不但受基因控制，个体发育、光照、温湿度、栽培措施、所处的空间位置等各种环境因子对其表型都有影响。尽管同一株上的叶片基因型是相同的，但每片叶片所处的生育期和空间位置等是不同的，因此受到的各种环境因子的影响，以及基因表达的时空性是不同的，表现出的性状也就千差万别。人们对这些表型的描述采用两种方法，一种是"定性"的，另一种是"定量"的。例如，对叶面积的大小、叶形、叶片着生状态等采取"定量"的方法，用数值将每个表型划分为一系列表达状态，这样几种表达状态的描述可以包括整个群体。对叶色、叶面隆起性、叶面光泽性、叶片横切面形态、叶尖和叶基等表型，是用目测的方法进行"定性"描述。同一植株上每片叶片的某一表型都有差异，不同的观察者可能给出不同的结果。所以观测时首先要注意样本要有代表性，其次要以多数样本的观测结果为判断标准，有时需要用多个术语表达中间值，如叶色描述为绿至深绿等。今后随着研究的深入，需要科学地将这些表型进行数据量化处理。

为了减少生育期对叶片表型的影响，用当年生枝干中部成熟叶片（定型叶片）作为观测叶片形态的材料（图6）。品种间叶面积差异显著，就地理分布看，由南到北，叶面积渐次变小；在遮阳或台刈后，叶面积变大；在露地栽培或连续采摘后，叶面积变小，所以应在同一环境条件下观察比较叶面

图 6　茶树成熟叶片

积。叶色可谓五颜六色，由于修剪、遮阴、不同的土壤肥力等环境条件下，叶色会发生变化，所以应在同一环境条件下观察比较叶色。

4.4.1.3　花

茶树一生要经过多次开花结果（实），直到植株死亡。每年 5～6 月花芽在叶腋分化而成，花蕾经花芽发育，10～11 月前后开花，经开花受精（chasmogamy），直至翌年霜降 10～11 月前后，果实才成熟。在一个年周期里，一方面是当年的花芽孕蕾开花和授粉，另一方面是上一年受精的子房发育形成种子成熟的过程，即茶树从当年花芽分化到花朵开放，再从传粉受精到翌年种子成熟历经近 2 年时间，花和果同时发育生长，这就是茶树"带子怀胎"或"花果相遇"现象（图 7），是茶树的重要特征之一。

花的个体开花历经：露白（花瓣尚未打开，花蕾白色松软，即蕾白期）→初开（花瓣初始打开）→全开（花瓣完全打开）→雄蕊谢→花瓣落。对于群体来说，开花期一般在 9～12 月，南方茶区开花期更长，可延续到第 2 年 2～3 月。

群体花朵开花历经：始花期→盛花期→终花期 3 个阶段，始花期为第一朵花开放的日期，当占总数 50% 的花的花瓣达自然开放的日期为盛花期，每株 80% 以上的花的花瓣已脱落的日期为终花期。始花期一般在 9 月，盛

已受精的子房，即"怀胎"
雄蕊和花瓣已枯萎、脱落

果实（即"带子"，由去
年的花受精发育而来）

待开放的花蕾

待受精的花朵。受精后
第二年秋季果实成熟

图 7　茶树"花果相遇"（带子怀胎）

花期在 10 月中、下旬至 11 月中下旬，云南西双版纳和海南等地盛花期在 12 月至翌年 1 月。同一地区不同品种，或同一品种在不同地区的花期、盛花期长短及开花数多少等都有差异，盛花期每日平均开花数一般占总开花数的 3%～8%。

茶树上不是所有花蕾都能开放，相当一部分在蕾期就自然脱落，尤其是后期形成的花蕾，落蕾率更高。不同时期发育的花蕾开花率也不同，不同品种开花量相差可达几十倍，中小叶种单株开花数可达 3000～4000 朵，在福安'菜茶'单株多达 9224 朵花。

为了将茶树的花朵与山茶属山茶（*Camellia japonica* L.）等植物的花朵区分开来，将茶树的花朵称为"茶树花"，而不是简称为"茶花"。茶树花为两性花（bisexual flower），一朵完整的茶树花由花柄、花托、花被、雄蕊群和雌蕊 5 部分组成，参见图 9、图 10 和附图。

雌蕊与雄蕊的相对高度，不同品种不一样，有的雌蕊高于雄蕊，有的雌雄蕊等高，还有的雌蕊低于雄蕊，大多雌蕊高于雄蕊。柱头开裂数有 2～7 裂，通常 3～5 裂，裂位高低依品种不同而异，少数不分裂。子房呈卵圆形，为上位子房，表面有毛或无毛。子房 3～5 室，多数 3 室，每室常有 1 粒种子，中轴胎座（axile placentation）。胚珠（ovule）是卵细胞发育的器官，分外珠被与内珠被两层，属倒生胚珠。

用字母、符号和数字可以简单表示花的组成和结构，在植物学上称为花程式（floral formula）。根据茶树［*Camellia sinensis*（L.）O. Kuntze］花的特征，茶树花程式如图 8 所示。

$$* \male\female K_{5\sim6} C_{5\sim10} A \infty \underline{G} （3\sim5 : 3\sim5）$$

图 8　茶树花程式（江昌俊，2020）

花程式中"*"表示辐射对称；"♀"表示两性花；"K"代表花萼，由 5~6 片萼片组成；"C"代表花冠，有 5~10 枚花瓣，多见 5~8 枚；"A"代表雄蕊群，用"∞"表示数目多；"G"代表雌蕊，在"G"下面加"＿"表示子房上位；"3~5：3~5"表示有 3~5 个心皮，每个心皮构成 1 室。

花图式（floral diagram）是用花的横剖面简图来表示花各部分的数目、离合情况，以及在花托上的排列位置，也就是花的各部分在垂直于花轴平面所做的投影图，茶树花的纵面及花图式见图 9、图 10。

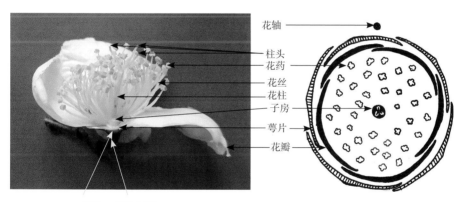

图 9　茶树花的纵面（摘除了部分花药和花瓣）（江昌俊，2020）

图 10　茶树花图式（江昌俊，2020）

图 10 上面实心小圆点表示花轴，带线条的弧线表示花萼，由于花萼的中脉明显，故弧线的中央部分向外隆起突出。实心弧线表示花瓣，雄蕊和雌蕊分别用花药和子房的横切面轮廓表示。花瓣覆瓦状（imbricate）排列，即花冠中有 1 枚或 2 枚花瓣片完全包被在其相邻花瓣的外侧，花萼也是覆瓦状排列。弧线之间不相连表示花瓣之间是分离的，不是连合的；同样花萼的弧线之间也不相连。

4.4.1.4　果实和种子

虽然有少数品种在幼龄期也会显花，甚至结出极少果实，但大多数品种要到4~6足龄后才开始正常的开花结实。在青年期阶段，结实率和种子的重量呈现逐年增加趋势。

很多果树有结果枝和大小年现象，茶树结果也有一定的大小年现象，但没有专门的结果枝。树冠下部蓬心蓬边的第二、第三级分枝是结果最多的部位，一般短枝上结实率占全株总结实率的85%左右。从整个植株来看，着生于树冠下、中层的果实占80%~90%。从植株方位而言，朝南面和朝东面的结实率为高。

果皮由子房壁（心皮）发育而来，由外果皮、中果皮和内果皮组成。果实属背裂蒴果，形状随种子数目不同而异，含5粒种子为梅花形，4粒为四方形，3粒为三角形，2粒为椭圆形，1粒为球形。果实一般有1~4粒种子，以1~3粒为多，少数4粒，5粒以上更少，见图11。受精不全或胚珠生殖力丧失，会成空室。

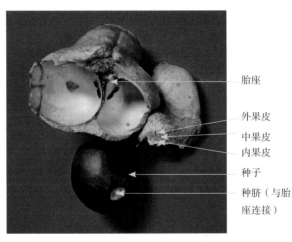

图11　茶树果实（江昌俊，2020）

种子成熟后脱离子房壁，种子与子房壁连接处（胎座）在种子上留下的痕迹称为种脐。成熟的种子（俗称茶籽），包括种皮（俗称种壳）和成熟胚（种仁），种皮由外种皮和内种皮组成，由珠被发育而来，见图12。成熟胚包括胚芽、胚轴、胚根和子叶4个部分，属双子叶无胚乳种子，见图13。不同品种的种子大小差异较大，大叶种种子直径12~15mm，中小叶种为11~13mm，大多1.0~1.3g/粒。

茶树是叶用作物，叶片是人类利用的材料，在生产上人们常以叶片大小、形状或颜色给品种或类型命名，便于加以区别。基于叶面积、叶形、叶

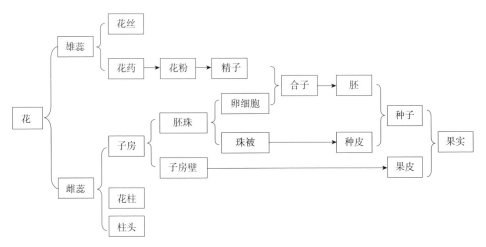

图 12　茶树花至种子的发育过程（江昌俊，2020）

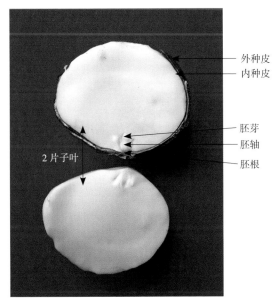

图 13　茶树种子（江昌俊，2020）

色 3 个性状的差异，将 119 份河南省地方种质资源分为 36 个大类，119 份不同资源的春季芽叶、定型叶片（成熟叶片）和花、果、种子性状观测结果见表 6～表 8 及本书第 5 部分"河南茶树地方种质资源特征特性及原色图谱"中相关内容。

表 6　河南茶树地方种质资源春季芽叶性状

大类编号 - 小类编号	大类类型	新梢发芽密度	芽叶色泽	1 芽 3 叶长（mm）	1 芽 3 叶百芽重（g）	芽叶茸毛	芽叶光泽
1-001	特大叶、椭圆形、叶色绿	稀	浅绿	64.25	39.0	少	中
2-002	大叶、长椭圆形，叶色深绿	稀	绿	68.20	65.3	多	强
2-003		稀	黄绿	75.38	39.4	多	强
2-004		中	绿	73.64	35.8	中	中
2-005		稀	绿	66.00	24.7	少	中
3-006	大叶、长椭圆形，叶色浅绿	稀	浅绿	69.50	23.3	少	中
4-007	大叶、椭圆形、叶色深绿	稀	黄绿	42.75	50.0	少	中
4-008		稀	黄绿	48.75	51.0	多	强
5-009	大叶、椭圆形、叶色浅绿	中	黄绿	58.60	24.6	少	强
5-010		中	浅绿	71.25	91.3	多	强
5-011		稀	绿	100.67	184.7	少	强
6-012	大叶、披针形、叶色深绿	中	黄绿	39.50	39.4	中	强
7-013	大叶、近圆形、叶色深绿	稀	绿	65.71	42.3	少	强
8-014	中叶、长椭圆形、叶色浅绿	中	绿	100.00	99.0	少	强
8-015		中	浅绿	50.75	91.8	少	中
8-016		密	黄绿	63.40	67.2	少	中
8-017		密	黄绿	37.50	29.8	中	强
8-018		中	绿	33.25	34.3	少	强
9-019	中叶、长椭圆形、叶色绿	中	黄绿	61.25	62.0	中	中
9-020		中	黄绿	55.25	69.0	少	中
9-021		稀	绿	77.42	36.7	少	强
9-022		稀	绿	80.00	59.1	少	强
10-023	中叶、长椭圆形、叶色黄绿	中	绿	54.25	88.3	少	中
10-024		中	黄绿	51.25	41.0	少	中
11-025	中叶、椭圆形、叶色深绿	稀	绿	78.80	47.6	中	强
11-026		中	黄绿	27.00	21.8	中	中
12-027	中叶、椭圆形、叶色浅绿	稀	浅绿	17.75	13.0	中	强
12-028		稀	紫绿	68.30	47.7	少	强
12-029		密	黄绿	87.50	128.5	少	强
12-030		稀	浅绿	92.67	143.3	少	强
12-031		中	黄绿	32.00	21.0	少	中
12-032		稀	绿	84.50	84.0	中	强

续表

大类编号 - 小类编号	大类类型	新梢发芽密度	芽叶色泽	1芽3叶长（mm）	1芽3叶百芽重（g）	芽叶茸毛	芽叶光泽
13-033	中叶、椭圆形、叶色绿	密	黄绿	46.25	45.0	中	强
13-034		稀	绿	41.00	54.0	少	中
13-035		中	黄绿	23.33	19.3	中	中
13-036		稀	黄绿	32.50	42.5	少	中
13-037		中	黄绿	58.00	75.0	中	强
13-038		稀	黄绿	77.32	28.3	少	中
13-039		稀	浅绿	27.00	29.1	中	中
13-040		中	黄绿	25.00	21.0	中	中
13-041		中	绿	93.00	132.3	中	强
14-042	中叶、椭圆形、叶色黄绿	中	黄绿	26.75	28.0	少	中
14-043		中	浅绿	51.50	51.3	中	中
14-044		密	黄绿	24.75	21.8	多	中
14-045		稀	紫绿	43.75	52.0	中	中
14-046		中	浅绿	57.50	59.0	中	强
14-047		中	浅绿	48.00	32.2	中	强
14-048		中	浅绿	48.25	45.0	中	中
15-049	中叶、披针形、叶色深绿	中	黄绿	23.00	46.3	中	中
16-050	中叶、披针形、叶色浅绿	中	绿	51.00	81.0	少	强
17-051	中叶、披针形、叶色黄绿	中	黄绿	32.50	34.0	中	中
17-052		稀	绿	77.50	76.3	多	中
18-053	中叶、近圆形、叶色深绿	稀	浅绿	52.67	100.3	少	中
19-054	中叶、近圆形、叶色绿	稀	绿	75.00	72.0	中	强
19-055		中	黄绿	53.00	53.3	少	强
20-056	中叶、近圆形、叶色黄绿	稀	浅绿	59.00	86.0	少	中
20-057		密	黄绿	53.75	52.8	少	强
20-058		稀	黄绿	62.50	72.5	少	中
21-059	小叶、长椭圆形、叶色深绿	密	浅绿	40.00	42.5	中	中
22-060	小叶、长椭圆形、叶色浅绿	中	黄绿	25.00	25.8	中	强
22-061		密	黄绿	56.25	69.5	中	中
23-062	小叶、长椭圆形、叶色绿	中	浅绿	78.25	117.8	少	中
23-063		中	黄绿	32.00	21.3	少	中
23-064		中	绿	63.00	43.3	少	中

续表

大类编号-小类编号	大类类型	新梢发芽密度	芽叶色泽	1芽3叶长（mm）	1芽3叶百芽重（g）	芽叶茸毛	芽叶光泽
24-065	小叶、长椭圆形、叶色黄绿	密	浅绿	88.67	59.0	少	中
24-066		密	黄绿	52.50	31.8	中	中
24-067		稀	黄绿	27.75	18.0	中	中
24-068		中	浅绿	61.75	63.5	中	强
24-069		中	浅绿	24.50	45.3	少	中
24-070		中	黄绿	23.00	17.4	中	中
25-071	小叶、椭圆形、叶色深绿	稀	浅绿	57.75	54.0	中	中
26-072	小叶、椭圆形、叶色浅绿	密	黄绿	30.00	37.0	中	中
26-073		稀	绿	80.80	68.7	少	中
26-074		中	浅绿	67.70	39.9	中	强
26-075		稀	浅绿	57.50	62.5	少	中
26-076		中	绿	27.75	44.8	中	强
27-077	小叶、椭圆形、叶色绿	中	黄绿	30.75	27.3	中	中
27-078		密	绿	40.13	22.8	少	中
27-079		稀	黄绿	67.80	30.2	多	中
27-080		密	浅绿	76.60	45.4	多	强
27-081		密	浅绿	57.25	45.0	少	强
27-082		密	黄绿	29.75	32.3	少	中
27-083		密	黄绿	39.00	44.3	少	中
27-084		中	黄绿	69.70	33.3	多	强
27-085		中	黄绿	37.75	53.0	中	中
28-086	小叶、椭圆形、叶色黄绿	中	浅绿	90.00	89.3	少	强
28-087		中	紫绿	80.20	43.2	多	中
28-088		中	浅绿	55.00	47.5	中	强
28-089		稀	绿	78.78	48.2	中	强
28-090		密	黄绿	32.00	29.5	中	中
28-091		密	浅绿	32.50	25.5	中	中
28-092		中	浅绿	75.11	47.7	多	中
28-093		中	绿	68.20	92.5	中	强
28-094		稀	黄绿	100.44	59.0	少	中
28-095		密	浅绿	76.67	63.7	中	强

续表

大类编号 - 小类编号	大类类型	新梢 发芽 密度	芽叶 色泽	1 芽 3 叶长 （mm）	1 芽 3 叶 百芽重（g）	芽叶 茸毛	芽叶 光泽
28-096	小叶、椭圆形、叶色黄绿	密	黄绿	72.20	26.6	少	中
28-097		密	黄绿	52.50	63.5	中	强
28-098		中	黄绿	62.50	89.5	中	中
28-099		中	绿	49.75	53.3	中	中
28-100		密	黄绿	62.20	34.7	少	中
29-101	小叶、披针形、叶色绿	稀	浅绿	37.50	31.0	少	中
29-102		中	浅绿	43.00	18.4	少	强
30-103	小叶、披针形、叶色黄绿	中	黄绿	34.00	38.8	少	中
30-104		中	绿	23.00	54.3	少	中
30-105		稀	浅绿	73.50	81.8	少	中
31-106	小叶、近圆形、叶色深绿	中	紫绿	81.60	58.3	中	暗
31-107		稀	紫绿	66.00	53.3	多	强
32-108	小叶、近圆形、叶色浅绿	中	浅绿	26.00	20.3	少	强
32-109		中	黄绿	51.50	49.5	中	强
33-110	小叶、近圆形、叶色绿	中	黄绿	25.25	34.5	中	中
33-111		密	黄绿	39.50	46.5	中	中
33-112		稀	浅绿	95.00	130.5	中	强
33-113		中	黄绿	25.25	30.3	中	强
34-114	小叶、近圆形、叶色黄绿	密	浅绿	85.00	75.5	中	强
34-115		密	黄绿	31.25	23.8	中	中
34-116		中	黄绿	23.25	24.5	中	中
35-117	小叶、卵圆形、叶色黄绿	密	浅绿	25.00	30.3	少	中
35-118		稀	黄绿	22.00	33.3	中	中
36-119	小叶、卵圆形、叶色浅绿	中	绿	67.04	57.4	中	中

表 7　河南茶树地方种质资源定型叶片性状

大类编号-小类编号	大类类型	叶长（mm）	叶宽（mm）	叶面积（cm²）	叶形	叶色	叶面隆起性	叶片横切面形态	叶片着生角度	叶缘波状程度	叶面光泽性	叶齿锐度、密度、深度	叶片厚度（mm）	叶尖形状	叶基形状
1-001	特大叶、椭圆形、叶色绿	154	63	67.91（特大叶）	椭圆形	绿	微隆起	平	稍上斜	平直	中	锐、密、浅	0.32	渐尖	钝形
2-002	大叶、长椭圆形、叶色深绿	128	45	40.32（大叶）	长椭圆形	深绿	微隆起	内折	上斜	平直	中	锐、密、浅	0.42	渐尖至急尖	钝形
2-003		140	47	46.06（大叶）	长椭圆形	深绿	微隆起	内折	水平至稍上斜	平直	暗	钝、中、浅	0.28	急尖	钝形
2-004		125	46	40.25（大叶）	长椭圆形	深绿	微隆起	内折	水平至稍上斜	平直	暗	锐、密、中	0.35	急尖	钝形
2-005		130	46	41.86（大叶）	长椭圆形	深绿	微隆起	平	稍上斜	平直	中	锐、密、中	0.27	急尖	楔形
3-006	大叶、长椭圆形、叶色浅绿	150	53	55.65（大叶）	长椭圆形	浅绿	微隆起	平	水平至稍上斜	平直	中	锐、密、深	0.34	渐尖	楔形至钝形
4-007	大叶、椭圆形、叶色深绿	121	50	42.35（大叶）	椭圆形	深绿	微隆起	平	稍上斜	平直	强	中、中	0.18	渐尖至急尖	楔形至钝形
4-008		138	60	57.96（大叶）	椭圆形	深绿	微隆起	平	水平至稍上斜	平直	暗	锐、密、深	0.29	渐尖至急尖	钝形
5-009	大叶、椭圆形、叶色浅绿	120	55	46.20（大叶）	椭圆形	浅绿	微隆起	平	稍上斜	波状	中	中、密、中	0.32	渐尖至急尖	钝形
5-010		123	57	49.08（大叶）	椭圆形	浅绿	微隆起	平	稍上斜	平直	中	中、中	0.29	急尖	钝形至近圆形
5-011		135	55	51.98（大叶）	椭圆形	浅绿	微隆起	平	水平	平直	暗	锐、密、深	0.40	急尖	楔形至钝形

续表

大类编号-小类编号	大类类型	叶长（mm）	叶宽（mm）	叶面积（cm²）	叶形	叶色	叶面隆起性	叶片横切面形态	叶片着生角度	叶缘波状程度	叶面光泽性	叶齿锐度、密度、深度	叶片厚度（mm）	叶尖形状	叶基形状
6-012	大叶、披针形、叶色深绿	145	47	47.71（大叶）	披针形	深绿	微隆起	平	水平	平直	中	锐、中、中	0.23	急尖	楔形
7-013	大叶、近圆形、叶色深绿	105	55	40.43（大叶）	近圆形	深绿	隆起	稍背卷	水平	平直	中	锐、密、浅	0.41	急尖至钝尖	钝形至近圆形
8-014	中叶、长椭圆形、叶色浅绿	108	36	27.22（中叶）	长椭圆形	浅绿	微隆起	稍背卷	稍上斜	平直	中	锐、密、中	0.35	渐尖至急尖	钝形
8-015		115	40	32.20（中叶）	长椭圆形	浅绿	微隆起	稍背卷	下垂	波状	中	锐、中、浅	0.28	渐尖	楔形
8-016		123	45	38.75（中叶）	长椭圆形	浅绿	微隆起	内折	上斜	平直	中	锐、密、深	0.39	渐尖至急尖	楔形
8-017		90	32	20.16（中叶）	长椭圆形	浅绿	微隆起	内折	上斜	微波	中	中、中、中	0.18	渐尖	楔形
8-018		110	42	32.34（中叶）	长椭圆形	浅绿	微隆起	平	水平	平直	中	锐、密、中	0.22	急尖	钝形至近圆形
9-019	中叶、长椭圆形、叶色绿	100	39	27.30（中叶）	长椭圆形	绿	微隆起	内折	上斜	微波	中	中、中、中	0.27	渐尖	钝形
9-020		95	35	23.28（中叶）	长椭圆形	绿	微隆起	内折	稍上斜	平直	中	锐、中、中	0.25	渐尖至急尖	楔形至钝形
9-021		101	38	26.87（中叶）	长椭圆形	绿	微隆起	内折	稍上斜	微波	强	锐、密、中	0.33	渐尖	楔形至钝形
9-022		122	42	35.87（中叶）	长椭圆形	绿	微隆起	内折	稍上斜	微波	中	锐、密、深	0.32	渐尖	楔形至钝形

续表

大类编号-小类编号	大类类型	叶长(mm)	叶宽(mm)	叶面积(cm²)	叶形	叶色	叶面隆起性	叶片横切面形态	叶片着生角度	叶缘波状程度	叶面光泽性	叶齿锐度、密度、深度	叶片厚度(mm)	叶尖形状	叶基形状
10-023	中叶、长椭圆形、叶色黄绿	114	44	35.11(中叶)	长椭圆形	黄绿	隆起	内折	稍上斜	微波	中	钝、稀、浅	0.25	渐尖至急尖	楔形
10-024		92	36	23.18(中叶)	长椭圆形	黄绿	微隆起	内折	上斜	波状	强	锐、密、中	0.25	渐尖	钝形
11-025	中叶、椭圆形、叶色深绿	92	38	24.47(中叶)	椭圆形	深绿	平	内折	稍上斜	波状	强	锐、密、中	0.37	渐尖至急尖	楔形至钝形
11-026		90	43	27.09(中叶)	椭圆形	深绿	微隆起	平	稍上斜	平直	暗	锐、密、中	0.35	渐尖	钝形
12-027	中叶、椭圆形、叶色浅绿	100	46	32.20(中叶)	椭圆形	浅绿	隆起	稍背卷	下垂	平直	强	锐、稀、中	0.31	急尖至钝尖	钝形至近圆形
12-028		85	39	23.21(中叶)	椭圆形	浅绿	平	平	水平	微波	暗	中、中、浅	0.33	急尖	近圆形
12-029		85	36	21.42(中叶)	椭圆形	浅绿	微隆起	内折	稍上斜	平直	中	钝、密、浅	0.47	急尖至钝尖	钝形至近圆形
12-030		79	39	21.67(中叶)	椭圆形	浅绿	微隆起	内折	稍上斜至上斜	平直至微波	中	锐、密、浅	0.25	渐尖至急尖	钝形至近圆形
12-031		102	46	32.84(中叶)	椭圆形	浅绿	微隆起	平	稍上斜	平直	中	钝、中、浅	0.26	急尖	钝形
12-032		111	45	34.97(中叶)	椭圆形	浅绿	微隆起	平	稍上斜	平直	中	锐、密、浅	0.25	渐尖至急尖	钝形
13-033	中叶、椭圆形、叶色绿	80	37	20.72(中叶)	椭圆形	绿	隆起	平	稍上斜	微波	中	锐、密、浅	0.25	急尖至钝尖	钝形

续表

大类编号-小类编号	大类类型	叶长(mm)	叶宽(mm)	叶面积(cm²)	叶形	叶色	叶面隆起性	叶片横切面形态	叶片着生角度	叶缘波状程度	叶面光泽性	叶齿锐度、密度、深度	叶片厚度(mm)	叶尖形状	叶基形状
13-034	中叶、椭圆形、叶色绿	96	46	30.91(中叶)	椭圆形	绿	隆起	平	水平	微波	中	锐、密、中	0.31	急尖至钝尖	楔形
13-035		95	42	27.93(中叶)	椭圆形	绿	隆起	平	水平至稍上斜	平直	中	锐、密、中	0.22	渐尖至急尖	楔形至钝形
13-036		115	49	39.45(中叶)	椭圆形	绿	隆起	平至内折	稍上斜	平直	强	锐、密、浅	0.28	急尖	钝形
13-037		90	41	25.83(中叶)	椭圆形	绿	隆起	内折	上斜	波状	中	锐、密、浅	0.28	钝尖	钝形
13-038		102	44	31.42(中叶)	椭圆形	绿	平	平	水平	平直	中	钝、中、中	0.27	急尖	钝形
13-039		112	48	37.63(中叶)	椭圆形	绿	微隆起	平	水平至稍上斜	平直	中	锐、密、浅	0.29	急尖	钝形
13-040		89	42	26.17(中叶)	椭圆形	绿	微隆起	平至内折	水平	平直	中	中、中、浅	0.30	急尖至钝尖	钝形
13-041		96	42	28.22(中叶)	椭圆形	绿	微隆起	平	水平	平直	中	中、中、浅	0.35	急尖	钝形
14-042	中叶、椭圆形、叶色黄绿	109	44	33.57(中叶)	椭圆形	黄绿	隆起	稍背卷	水平	平直	强	锐、密、中	0.25	急尖	钝形
14-043		90	38	23.94(中叶)	椭圆形	黄绿	隆起	平	水平	平直	中	中、密、浅	0.30	渐尖	钝形
14-044		80	38	21.28(中叶)	椭圆形	黄绿	微隆起	稍背卷	水平至稍上斜	平直	强	中、中、浅	0.26	渐尖	钝形
14-045		85	42	26.18(中叶)	椭圆形	黄绿	微隆起	平	稍上斜	平直	中	锐、密、中	0.32	急尖	钝形至近圆形
14-046		110	44	33.88(中叶)	椭圆形	黄绿	微隆起	平	稍上斜	平直至微波	中	中、密、浅	0.33	渐尖	钝形

续表

大类编号-小类编号	大类类型	叶长(mm)	叶宽(mm)	叶面积(cm²)	叶形	叶色	叶面隆起性	叶片横切面形态	叶片着生角度	叶缘波状程度	叶面光泽性	叶齿锐度、密度、深度	叶片厚度(mm)	叶尖形状	叶基形状
14-047	中叶、椭圆形、叶色黄绿	95	46	30.59(中叶)	椭圆形	黄绿	微隆起	平	稍上斜	微波	中	中、密、中	0.22	渐尖至急尖	钝形
14-048	中叶、椭圆形、叶色黄绿	96	47	31.58(中叶)	椭圆形	黄绿	微隆起	平	水平至稍上斜	微波	中	中、稀、浅	0.33	急尖至钝尖	钝形
15-049	中叶、披针形、叶色深绿	106	33	24.49(中叶)	披针形	深绿	微隆起	内折	下垂	平直	中	中、稀、浅	0.31	渐尖	楔形
16-050	中叶、披针形、叶色浅绿	123	32	27.55(中叶)	披针形	浅绿	微隆起	平	水平至稍上斜	平直	中	锐、密、中	0.23	渐尖	楔形
17-051	中叶、披针形、叶色黄绿	96	30	20.16(中叶)	披针形	黄绿	平	内折	上斜	微波	中	锐、密、浅	0.20	渐尖	楔形至钝形
17-052	中叶、披针形、叶色黄绿	120	39	32.76(中叶)	披针形	黄绿	微隆起	平	水平	平直	中	锐、密、中	0.18	渐尖	楔形至钝形
18-053	中叶、近圆形、叶色深绿	85	45	26.78(中叶)	近圆形	深绿	隆起	平	水平至稍上斜	平直	强	中、密、浅	0.28	钝尖	钝形
19-054	中叶、近圆形、叶色绿	74	40	20.72(中叶)	近圆形	绿	微隆起	内折	稍上斜	平直	强	锐、中、浅	0.27	急尖	楔形
19-055	中叶、近圆形、叶色绿	75	43	22.58(中叶)	近圆形	绿	微隆起	内折	稍上斜	微波	中	钝、密、浅	0.27	急尖至钝尖	钝形至近圆形

续表

大类编号-小类编号	大类类型	叶长（mm）	叶宽（mm）	叶面积（cm²）	叶形	叶色	叶面隆起性	叶片横切面形态	叶片着生角度	叶缘波状程度	叶面光泽性	叶齿锐度、密度、深度	叶片厚度（mm）	叶尖形状	叶基形状
20-056	中叶、近圆形，叶色黄绿	76	40	21.28（中叶）	近圆形	黄绿	平	内折	稍上斜	平直	中	锐、密、浅	0.32	钝尖	钝形至近圆形
20-057		83	46	26.73（中叶）	近圆形	黄绿	微隆起	内折	稍上斜	平直	强	钝、稀、浅	0.32	钝尖	钝形至近圆形
20-058		80	45	25.20（中叶）	近圆形	黄绿	微隆起	平	稍上斜	平直	中	锐、密、浅	0.29	急尖	钝形
21-059	小叶、长椭圆形，叶色深绿	67	26	12.19（小叶）	长椭圆形	深绿	平	内折	水平至稍上斜	平直	暗	锐、密、浅	0.31	渐尖至急尖	钝形
22-060	小叶、长椭圆形，叶色浅绿	76	30	15.96（小叶）	长椭圆形	浅绿	平	内折	稍上斜	平直至微波	中	钝、密、浅	0.25	渐尖	楔形至钝形
22-061		90	31	19.53（小叶）	长椭圆形	浅绿	平至微隆起	内折	上斜	平直	中	钝、中、浅	0.29	渐尖	楔形至钝形
23-062	小叶、长椭圆形，叶色绿	70	25	12.25（小叶）	长椭圆形	绿	平	内折	上斜	平直	中	中、中、浅	0.22	渐尖	楔形至钝形
23-063		60	22	9.24（小叶）	长椭圆形	绿	平	内折	稍上斜	平直	中	钝、密、浅	0.31	渐尖	钝形
23-064		61	22	9.39（小叶）	长椭圆形	绿	平	平至内折	水平至稍上斜	平直	中	锐、密、浅	0.27	急尖	楔形至钝形
24-065	小叶、长椭圆形，叶色黄绿	68	23	10.95（小叶）	长椭圆形	黄绿	平	内折	稍上斜	平直	中	锐、密、中	0.26	渐尖	楔形

续表

大类编号·小类编号	大类类型	叶长(mm)	叶宽(mm)	叶面积(cm²)	叶形	叶色	叶面隆起性	叶片横切面形态	叶片着生角度	叶缘波状程度	叶面光泽性	叶齿锐度、密度、深度	叶片厚度(mm)	叶尖形状	叶基形状
24-066	小叶、长椭圆形、叶色黄绿	39	14	3.82(小叶)	长椭圆形	黄绿	平	内折	稍上斜	平直至微波	中	中、密、浅	0.28	急尖	钝形
24-067		82	29	16.65(小叶)	长椭圆形	黄绿	平	内折	水平至稍上斜	波状	中	锐、密、浅	0.31	渐尖	楔形
24-068		80	30	16.80(小叶)	长椭圆形	黄绿	平	内折	水平至稍上斜	微波	中	中、密、浅	0.26	渐尖至急尖	楔形至钝形
24-069		72	26	13.10(小叶)	长椭圆形	黄绿	平至微隆起	内折	上斜	平直	中	锐、中、浅	0.33	急尖	钝形
24-070		74	25	12.95(小叶)	长椭圆形	黄绿	微隆起	平	水平至稍上斜	平直	中	中、密、中	0.35	渐尖至急尖	钝形
25-071	小叶、椭圆形、叶色深绿	76	36	19.15(小叶)	椭圆形	深绿	平	平至内折	水平至稍上斜	平直	中	中、稀、中	0.32	渐尖	钝形
26-072	小叶、椭圆形、叶色浅绿	36	16	4.03(小叶)	椭圆形	浅绿	平	内折	稍上斜至上斜	平直	中	中、中、中	0.21	急尖	钝形
26-073		55	27	10.40(小叶)	椭圆形	浅绿	平	内折	水平	平直	暗	中、密、浅	0.15	渐尖	钝形
26-074		65	28	12.74(小叶)	椭圆形	浅绿	微隆起	平	稍上斜	平直	暗	钝、密、浅	0.38	急尖至钝尖	钝形
26-075		54	22	8.32(小叶)	椭圆形	浅绿	微隆起	平	稍上斜	平直	暗	中、密、中	0.28	急尖	钝形
26-076		80	35	19.60(小叶)	椭圆形	浅绿	微隆起	平	稍上斜	平直	中	锐、密、浅	0.39	急尖至钝尖	钝形

续表

大类编号-小类编号	大类类型	叶长（mm）	叶宽（mm）	叶面积（cm²）	叶形	叶色	叶面隆起性	叶片横切面形态	叶片着生角度	叶缘波状程度	叶面光泽性	叶齿锐度、密度、深度	叶片厚度（mm）	叶尖形状	叶基形状
27-077	小叶、椭圆形，叶色绿	70	33	16.17（小叶）	椭圆形	绿	隆起	内折	稍上斜	微波	强	中、中、中	0.27	急尖	钝形
27-078		33	14	3.23（小叶）	椭圆形	绿	平	稍背卷	水平	平直	暗	锐、密、浅	0.22	渐尖	钝形
27-079		55	25	9.63（小叶）	椭圆形	绿	平	内折	稍上斜	平直	暗	中、密、浅	0.27	渐尖至急尖	钝形
27-080		60	25	10.50（小叶）	椭圆形	绿	平	内折	稍上斜	微波	中	锐、密、浅	0.23	渐尖	钝形
27-081		58	27	10.96（小叶）	椭圆形	绿	平	内折	稍上斜	平直	暗	中、稀、浅	0.28	急尖	钝形
27-082		69	33	15.94（小叶）	椭圆形	绿	平	内折	水平	平直	中	钝、稀、浅	0.27	渐尖至钝尖	钝形
27-083		30	12	2.52（小叶）	椭圆形	绿	平	平	水平至稍上斜	平直	强	钝、稀、浅	0.37	急尖	钝形
27-084		60	26	10.92（小叶）	椭圆形	绿	微隆起	内折	稍上斜	平直	中	中、密、浅	0.28	急尖	钝形
27-085		76	35	18.62（小叶）	椭圆形	绿	微隆起	内折	水平至稍上斜	微波	强	锐、中、中	0.27	渐尖至急尖	钝形至近圆形
28-086	小叶、椭圆形，叶色黄绿	55	27	10.40（小叶）	椭圆形	黄绿	平	内折	稍上斜	微波	中	中、密、浅	0.32	钝尖	钝形
28-087		58	24	9.74（小叶）	椭圆形	黄绿	隆起	稍背卷	水平至稍上斜	平直	中	锐、密、浅	0.28	急尖	钝形
28-088		75	35	18.38（小叶）	椭圆形	黄绿	隆起	内折	下垂	平直	中	钝、中、浅	0.39	急尖至钝尖	钝形
28-089		75	33	17.33（小叶）	椭圆形	黄绿	隆起	平	稍上斜	波状	强	锐、密、深	0.26	急尖	钝形

续表

大类编号、小类编号	大类类型	叶长（mm）	叶宽（mm）	叶面积（cm²）	叶形	叶色	叶面隆起性	叶片横切面形态	叶片着生角度	叶缘波状程度	叶面光泽性	叶齿锐度、密度、深度	叶片厚度（mm）	叶头形状	叶基形状
28-090	小叶、椭圆形、叶色黄绿	62	29	12.59（小叶）	椭圆形	黄绿	隆起	平	稍上斜	微波	强	锐、中、浅	0.24	急尖	钝形
28-091		69	33	15.94（小叶）	椭圆形	黄绿	平	内折	上斜	平直	强	钝、中、浅	0.42	渐尖至急尖	钝形
28-092		62	29	12.59（小叶）	椭圆形	黄绿	平	内折	上斜	平直	中	中、稀、浅	0.30	急尖	钝形
28-093		72	35	17.64（小叶）	椭圆形	黄绿	平	内折	稍上斜	平直	中	钝、稀、浅	0.47	急尖至钝尖	钝形至近圆形
28-094		55	26	10.01（小叶）	椭圆形	黄绿	平	内折	稍上斜	平直	中	钝、中、浅	0.22	渐尖至钝尖	钝形
28-095		64	26	11.65（小叶）	椭圆形	黄绿	平	内折	稍上斜至上斜	平直	中	中、密、浅	0.29	渐尖至急尖	钝形
28-096		75	36	18.90（小叶）	椭圆形	黄绿	平	内折	水平至稍上斜	平直	强	锐、密、浅	0.33	急尖至钝尖	钝形
28-097		77	35	18.87（小叶）	椭圆形	黄绿	平	平至内折	稍上斜	平直	中	锐、密、浅	0.30	急尖	钝形至近圆形
28-098		51	21	7.50（小叶）	椭圆形	黄绿	平	内折	下垂	平直	中	中、密、中	0.25	渐尖至急尖	钝形
28-099		84	34	19.99（小叶）	椭圆形	黄绿	微隆起	平	水平	平直	中	锐、密、中	0.34	渐尖	钝形
28-100		71	32	15.90（小叶）	椭圆形	黄绿	微隆起	平	水平至稍上斜	平直	中	钝、中、浅	0.40	渐尖至钝尖	钝形

续表

大类编号-小类编号	大类类型	叶长（mm）	叶宽（mm）	叶面积（cm²）	叶形	叶色	叶面隆起性	叶片横切面形态	叶片着生角度	叶缘波状程度	叶面光泽性	叶脉锐度、密度、深度	叶片厚度（mm）	叶尖形状	叶基形状
29-101	小叶、披针形、叶色黄绿	100	19	13.30（小叶）	披针形	绿	平	内折	稍上斜	波状	中	中、稀、中	0.27	渐尖	楔形
29-102		84	21	12.35（小叶）	披针形	绿	微隆起	内折	水平至下垂	波状	中	钝、稀、浅	0.26	渐尖	楔形
30-103	小叶、披针形、叶色黄绿	90	26	16.38（小叶）	披针形	黄绿	微隆起	内折	水平至稍上斜	平直	强	锐、密、浅	0.29	急尖	钝形
30-104		72	18	9.07（小叶）	披针形	黄绿	平	内折	稍上斜	波状	中	中、中、浅	0.31	渐尖	楔形
30-105		86	26	15.65（小叶）	披针形	黄绿	平	内折	稍上斜	微波	中	钝、稀、中	0.32	渐尖	楔形
31-106	小叶、近圆形、叶色深绿	66	38	17.56（小叶）	近圆形	深绿	微隆起	内折	水平至稍上斜	微波	暗	锐、密、浅	0.37	急尖	钝形
31-107		67	37	17.35（小叶）	近圆形	深绿	平	平	水平至下垂	微波	暗	锐、密、浅	0.23	急尖	钝形
32-108	小叶、近圆形、叶色浅绿	56	28	10.98（小叶）	近圆形	浅绿	平	内折	稍上斜	平直	暗	中、密、浅	0.30	渐尖至急尖	楔形至钝形
32-109		30	15	3.15（小叶）	近圆形	浅绿	平	平至内折	水平至稍上斜	平直	中	中、中、浅	0.22	钝尖	钝形
33-110	小叶、近圆形、叶色深绿	60	33	13.86（小叶）	近圆形	绿	隆起	稍背卷	稍上斜	波状	暗	锐、密、中	0.25	急尖至钝尖	钝形
33-111		71	40	19.88（小叶）	近圆形	绿	平	平	稍上斜至上斜	平直	中	中、密、浅	0.38	急尖至钝尖	钝形至近圆形
33-112		72	39	19.66（小叶）	近圆形	绿	平	平至内折	水平至稍上斜	平直	暗	中、密、浅	0.34	急尖	钝形

续表

大类编号-小类编号	大类类型	叶长（mm）	叶宽（mm）	叶面积（cm²）	叶形	叶色	叶面隆起性	叶片横切面形态	叶片着生角度	叶缘波状程度	叶面光泽性	叶齿锐度、密度、深度	叶片厚度（mm）	叶尖形状	叶基形状
33-113	小叶、近圆形、叶色绿	49	29	9.95（小叶）	近圆形	绿	微隆起	稍背卷	稍上斜	平直	强	锐、密、浅	0.27	急尖至钝尖	钝形
34-114	小叶、近圆形、叶色黄绿	69	39	18.84（小叶）	近圆形	黄绿	隆起	平	稍上斜	微波	中	中、密、浅	0.22	急尖至钝尖	钝形
34-115		57	34	13.57（小叶）	近圆形	黄绿	平	内折	上斜	平直	中	中、密、浅	0.27	急尖至钝尖	近圆形
34-116		60	33	13.86（小叶）	近圆形	黄绿	微隆起	内折	水平至稍上斜	平直	中	锐、密、浅	0.18	急尖	钝形至近圆形
35-117	小叶、卵圆形、叶色黄绿	64	35	15.68（小叶）	卵圆形	黄绿	平	内折	稍上斜	平直	中	锐、中、浅	0.28	急尖	楔形至钝形
35-118		50	33	11.55（小叶）	卵圆形	黄绿	微隆起	内折	稍上斜	平直	中	中、密、浅	0.35	钝尖	近圆形
36-119	小叶、卵圆形、叶色浅绿	61	40	17.08（小叶）	卵圆形	浅绿	平	内折	水平至稍上斜	平直	中	中、稀、浅	0.44	钝尖	钝形

表 8　河南茶树地方种质资源花、果和种子性状

大类编号-小类编号	大类类型	花柱长度(mm)	花柱裂位	柱头开裂数	子房茸毛	花丝长度(mm)	雌雄蕊相对高度	结实力	果实形状	果实大小(mm)	果皮厚度(mm)	种子形状	种子重量(g)	种子大小	种皮色泽
1-001	特大叶、椭圆形、叶色深绿	14	高	3	有	14	雌雄蕊等高	弱	肾形	24.02	0.61	球形	0.48	小	棕色
2-002	大叶、长椭圆形、叶色深绿	15	高	3	有	13	雌蕊高	弱	肾形	30.11	0.91	球形	1.57	小	棕色
2-003		16	高	3	有	14	雌蕊高	—	—	—	—	球形	0.66	大	棕色
2-004		16	高	3	有	14	雌蕊高	强	三角形	25.62	0.51	球形	0.99	大	棕色
2-005		11	高	3	有	7	雌蕊高	—	—	—	—	—	—	—	—
3-006	大叶、长椭圆形、叶色浅绿	15	中	3	有	13	雌蕊高	中	三角形	23.80	0.84	球形	1.43	中	褐色
4-007	大叶、椭圆形、叶色深绿	16	中	3	有	14	雌蕊高	弱	肾形	30.52	0.83	球形	1.55	大	棕色
4-008		18	低	3	有	14	雌蕊高	强	球形	17.85	0.85	球形	1.64	大	棕色
5-009	大叶、椭圆形、叶色浅绿	10	高	3	有	9	雌蕊高	强	三角形	22.63	0.83	球形	1.35	中	棕色
5-010		7	高	3	有	8	雌蕊低	弱	三角形	31.50	0.78	球形	2.35	小	褐色
5-011		11	高	3	有	12	雌蕊低	中	肾形	23.76	1.12	球形	1.89	大	棕色
6-012	大叶、披针形、叶色深绿	14	高	3	有	12	雌蕊高	—	—	—	—	—	—	—	—
7-013	大叶、近圆形、叶色深绿	14	高	3	有	12	雌蕊高	弱	三角形	23.61	0.73	球形	1.30	中	棕褐色
8-014	中叶、长椭圆形、叶色浅绿	15	中	3	有	13	雌蕊高	弱	球形	16.33	0.55	球形	0.84	中	棕色
8-015		15	中	3	有	13	雌蕊高	—	—	—	—	—	—	—	—
8-016		14	高	3	有	12	雌蕊高	强	球形	17.82	0.77	球形	0.84	小	棕色
8-017		10	高	3	有	9	雌蕊高	弱	球形	17.15	0.48	球形	0.50	大	棕色
8-018		13	低	3	有	10	雌蕊低	—	—	—	—	—	—	—	—
9-019	中叶、长椭圆形、叶色绿	15	高	3	有	11	雌蕊高	强	肾形	27.29	0.67	球形	1.33	大	棕色
9-020		13	高	3	无	8	雌蕊高	强	肾形	24.81	0.69	球形	1.12	大	棕色

续表

大类编号-小类编号	大类类型	花柱长度（mm）	花柱裂位	柱头开裂数	子房茸毛	花丝长度（mm）	雌雄蕊相对高度	结实力	果实形状	果实大小（mm）	果皮厚度（mm）	种子形状	种子重量（g）	种子大小	种皮色泽
9-021	中叶、长椭圆形，叶色绿	13	高	3	有	12	雌蕊高	强	三角形	25.25	0.76	球形	1.61	大	棕色
9-022		15	高	3	有	11	雌蕊高	中	三角形	23.57	0.92	球形	1.45	中	褐色
10-023	中叶、长椭圆形，叶色黄绿	12	高	3	有	12	雌雄蕊等高	强	三角形	27.01	0.71	球形	1.34	大	褐色
10-024		11	高	3	有	11	雌蕊高	弱	—	—	0.85	球形	1.70	大	褐色
11-025	中叶、椭圆形，叶色深绿	14	低	3	有	13	雌蕊高	弱	三角形	—	—	球形	1.31	大	棕色
11-026		15	中	3	有	13	雌蕊高	中	—	—	—	—	—	—	—
12-027	中叶、椭圆形，叶色浅绿	10	高	3	有	11	雌蕊低	中	三角形	23.95	0.50	球形	1.32	大	褐色
12-028		9	中	3	有	11	雌蕊低	—	—	—	—	—	—	—	—
12-029		—	—	3	—	—	—	—	—	—	—	—	—	—	—
12-030		11	高	3	有	10	雌蕊高	—	—	—	—	—	—	—	棕褐色
12-031		17	中	3	有	12	雌蕊高	中	肾形	24.00	0.40	球形	2.36	大	—
12-032		11	中	2	有	9	雌蕊高	—	—	—	—	—	—	—	—
13-033	中叶、椭圆形，叶色绿	11	高	3	有	10	雌蕊高	中	三角形	24.60	0.73	球形	1.73	小	褐色
13-034		12	高	3	有	11	雌蕊高	—	—	—	—	—	—	—	—
13-035		15	高	3	有	11	雌蕊高	中	肾形	18.00	0.40	球形	1.59	中	褐色
13-036		14	高	3	有	14	雌雄蕊等高	弱	三角形	24.55	1.05	球形	1.08	小	褐色
13-037		11	高	3	有	11	雌雄蕊等高	—	—	—	—	—	—	—	—
13-038		13	高	3	有	9	雌蕊高	中	三角形	24.30	0.67	球形	1.43	中	褐色
13-039		12	中	3	有	11	雌蕊高	—	—	—	—	—	—	—	—
13-040		12	中	3	有	11	雌蕊高	强	三角形	25.56	0.92	球形	0.84	小	棕色
13-041		14	高	3	有	13	雌蕊高	强	三角形	24.52	0.61	球形	1.25	中	褐色

续表

大类编号-小类编号	大类类型	花柱长度（mm）	花柱裂位	柱头开裂数	子房茸毛	花丝长度（mm）	雌雄蕊相对高度	结实力	果实形状	果实大小（mm）	果皮厚度（mm）	种子形状	种子重量（g）	种子大小	种皮色泽
14-042	中叶、椭圆形、叶色黄绿	13	中	3	无	10	雌蕊高	弱	球形	12.28	0.94	球形	0.82	小	褐色
14-043		13	高	3	有	15	雌蕊低	—	—	—	—	—	—	—	—
14-044		15	高	3	有	13	雌蕊高	弱	三角形	23.61	0.99	球形	0.48	中	褐色
14-045		11	低	3	有	7	雌蕊高	弱	球形	14.36	0.53	球形	0.76	小	棕色
14-046		14	高	3	有	14	雌雄蕊等高	弱	三角形	25.70	0.95	球形	1.90	中	褐色
14-047		13	中	3	有	11	雌蕊高	弱	球形	19.93	0.50	球形	1.14	中	棕色
14-048		11	高	3	有	8	雌雄蕊等高	—	—	—	—	—	—	—	—
15-049	中叶、披针形、叶色深绿	10	高	3	有	10	雌雄蕊等高	—	—	—	—	—	—	—	—
16-050	中叶、披针形、叶色浅绿	11	高	3	有	8	雌蕊高	弱	三角形	24.97	0.75	球形	1.63	大	棕色
17-051	中叶、披针形、叶色黄绿	15	高	3	有	13	雌蕊高	—	—	—	—	—	—	—	—
17-052		14	中	3	有	11	雌蕊高	—	—	—	—	—	—	—	—
18-053	中叶、近圆形、叶色深绿	13	高	3	有	15	雌蕊高	—	—	—	—	—	—	—	—
19-054	中叶、近圆形、叶色绿	13	高	3	有	11	雌蕊高	强	三角形	24.76	0.47	球形	1.25	大	棕色
19-055		10	低	3	有	9	雌蕊高	强	肾形	19.03	0.82	球形	0.85	中	棕色
20-056	中叶、近圆形、叶色黄绿	11	低	3	有	10	雌蕊高	—	—	—	—	—	—	—	—
20-057		—	—	—	—	—	—	—	—	—	—	—	—	—	—
20-058		—	—	—	—	—	—	—	—	—	—	—	—	—	—
21-059	小叶、长椭圆形、叶色深绿	14	高	3	有	14	雌雄蕊等高	—	—	—	—	—	—	—	—
22-060	小叶、长椭圆形、叶色浅绿	12	高	3	无	10	雌蕊低	弱	三角形	19.68	0.55	球形	0.73	小	棕色
22-061		13	高	3	有	10	雌蕊高	—	—	—	—	—	—	—	—

续表

大类编号-小类编号	大类类型	花柱长度(mm)	花柱裂位	柱头开裂数	子房茸毛	花丝长度(mm)	雌雄蕊相对高度	结实力	果实形状	果实大小(mm)	果皮厚度(mm)	种子形状	种子重量(g)	种子大小	种皮色泽
23-062	小叶、长椭圆形、叶色绿	13	高	3	有	10	雌蕊高	强	三角形	22.47	0.47	球形	0.54	小	棕色
23-063		18	高	3	有	13	雌蕊高	弱	三角形	25.24	0.81	球形	0.95	小	棕色
23-064		10	高	3	有	6	雌蕊高	—	—	—	0.72	球形	1.16	中	棕色
24-065	小叶、长椭圆形、叶色黄绿	15	高	3	有	12	雌蕊高	弱	三角形	21.97	0.76	球形	1.23	中	棕色
24-066		11	中	3	有	11	雌雄蕊等高	弱	三角形	23.45	0.66	球形	1.34	中	褐色
24-067		15	高	3	有	11	雌蕊高	弱	球形	23.69	0.79	球形	0.56	大	棕色
24-068		9	高	3	有	8	雌蕊高	—	—	—	—	—	—	—	—
24-069		10	中	3	有	10	雌雄蕊等高	强	三角形	20.29	0.99	球形	0.51	中	棕色
24-070		5	高	3	有	7	雌蕊低	—	—	—	—	—	—	—	—
25-071	小叶、椭圆形、叶色深绿	11	低	3	有	10	雌蕊高	弱	三角形	21.16	0.69	球形	1.04	中	褐色
26-072	小叶、椭圆形、叶色浅绿	10	高	3	有	10	雌雄蕊等高	强	三角形	19.59	0.63	球形	1.49	中	棕色
26-073		12	高	3	有	12	雌雄蕊等高	中	三角形	28.30	1.11	球形	1.37	大	棕色
26-074		12	中	3	有	11	雌蕊高	弱	肾形	17.23	0.68	球形	1.31	中	棕色
26-075		13	高	3	有	13	雌雄蕊等高	弱	球形	15.57	0.41	球形	0.58	小	棕色
26-076		15	高	3	有	7	雌蕊高	—	—	—	—	—	—	—	—
27-077	小叶、椭圆形、叶色绿	16	高	3	有	11	雌蕊高	强	三角形	26.15	0.67	球形	1.54	中	棕色
27-078		12	中	3	有	9	雌蕊高	—	—	—	—	—	—	—	—
27-079		15	高	3	有	12	雌蕊高	强	三角形	25.02	0.64	球形	2.14	大	棕褐色
27-080		15	高	4	有	10	雌蕊高	—	—	—	—	—	—	—	—
27-081		16	高	3	有	12	雌蕊高	弱	三角形	36.20	0.92	球形	1.95	大	棕色

续表

大类编号-小类编号	大类类型	花柱长度(mm)	花柱裂位	柱头开裂数	子房茸毛	花丝长度(mm)	雌雄蕊相对高度	结实力	果实形状	果实大小(mm)	果皮厚度(mm)	种子形状	种子重量(g)	种子大小	种皮色泽
27-082	小叶、椭圆形，叶色绿	17	中	3	有	13	雌蕊高	强	三角形	23.60	0.75	球形	0.86	中	棕色
27-083		14	高	3	有	14	雌雄蕊等高	—	—	—	—	—	—	—	—
27-084		17	中	3	无	11	雌蕊高	中	三角形	26.86	0.72	球形	1.21	大	棕色
27-085		6	中	3	有	10	雌蕊低	—	—	—	—	—	—	—	—
28-086	小叶、椭圆形，叶色黄绿	12	高	3	有	11	雌蕊高	—	—	—	—	—	—	—	—
28-087		16	中	3	有	13	雌蕊高	中	三角形	25.26	0.73	球形	0.94	小	棕色
28-088		15	高	3	无	13	雌蕊高	—	—	—	—	—	—	—	—
28-089		13	高	3	无	13	雌雄蕊等高	弱	三角形	32.00	0.81	球形	2.28	大	棕色
28-090		13	高	3	有	13	雌雄蕊等高	弱	球形	14.70	0.78	球形	0.50	中	褐色
28-091		15	高	3	有	13	雌蕊高	中	球形	15.26	0.58	球形	0.76	中	棕色
28-092		15	高	3	有	13	雌蕊高	弱	肾形	17.85	0.76	球形	1.12	中	褐色
28-093		13	中	3	有	13	雌蕊高	中	球形	25.83	0.58	球形	0.75	中	棕色
28-094		16	高	3	无	11	雌蕊高	弱	球形	19.04	0.45	球形	0.49	小	棕色
28-095		15	高	3	有	13	雌蕊高	弱	三角形	22.50	0.94	球形	0.55	中	褐色
28-096		15	高	3	有	13	雌蕊高	弱	肾形	14.45	0.27	球形	0.76	小	棕色
28-097		16	中	3	有	15	雌蕊高	中	肾形	25.34	1.33	球形	1.79	大	棕色
28-098		13	高	3	有	13	雌雄蕊等高	—	三角形	—	—	—	—	—	—
28-099		11	高	3	有	11	雌雄蕊等高	强	肾形	15.34	0.64	球形	1.00	小	褐色
28-100		10	中	3	有	10	雌雄蕊等高	强	三角形	19.32	0.56	球形	0.89	中	棕色

续表

大类编号-小类编号	大类类型	花柱长度(mm)	花柱裂位	柱头开裂数	子房茸毛	花丝长度(mm)	雌雄蕊相对高度	结实力	果实形状	果实大小(mm)	果皮厚度(mm)	种子形状	种子重量(g)	种子大小	种皮色泽
29-101	小叶、披针形，叶色绿	16	高	3	有	14	雌蕊高	强	三角形	22.38	0.79	球形	2.00	大	棕色
29-102		11	高	3	有	9	雌蕊高	弱	球形	14.30	0.67	球形	1.41	中	褐色
30-103	小叶、披针形，叶色黄绿	14	中	3	有	13	雌蕊高	强	三角形	25.02	0.75	球形	0.43	大	棕色
30-104		11	中	3	有	11	雌雄蕊等高	—	—	—	—	—	—	—	—
30-105		9	中	3	有	8	雌蕊高	—	—	—	—	—	—	—	—
31-106	小叶、近圆形，叶色深绿	—	—	—	—	—	—	弱	三角形	23.61	0.71	球形	1.30	中	棕褐色
31-107		11	中	3	有	11	雌蕊高	—	—	—	—	—	—	—	—
32-108	小叶、近圆形，叶色浅绿	12	中	3	有	11	雌蕊高	强	三角形	22.68	0.52	球形	1.67	中	棕色
32-109		17	高	3	有	12	雌蕊高	—	—	—	—	—	—	—	—
33-110	小叶、近圆形，叶色绿	12	低	3	有	12	雌雄蕊等高	弱	肾形	19.24	0.67	球形	1.18	中	棕色
33-111		10	高	3	有	13	雌蕊低	弱	三角形	16.78	0.54	球形	0.56	小	棕色
33-112		11	高	3	有	11	雌雄蕊等高	弱	三角形	19.02	0.56	—	—	—	—
33-113		12	高	3	有	12	雌雄蕊等高	弱	三角形	16.72	1.11	球形	0.33	中	褐色
34-114	小叶、近圆形，叶色黄绿	10	中	3	有	12	雌蕊高	中	肾形	20.22	0.60	球形	0.65	小	褐色
34-115		13	高	3	有	11	雌蕊高	弱	三角形	31.58	4.52	球形	1.43	大	棕色
34-116		7	低	3	有	6	雌蕊高	—	—	—	—	—	—	—	—
35-117	小叶、卵圆形，叶色黄绿	11	中	3	有	12	雌蕊低	强	三角形	17.75	1.40	球形	0.65	小	褐色
35-118		8	中	3	有	9	雌蕊低	弱	球形	14.83	0.63	球形	0.77	小	棕色
36-119	小叶、卵圆形，叶色浅绿	9	高	3	有	9	雌雄蕊等高	弱	—	—	—	球形	1.10	大	棕色

注：部分果实种子由于资源数量太少，个别资源仅有一株；或由于天气原因，遭遇大雨，或由于山路太险，路基已被冲毁，后来虽经多次努力，但最终无功而返，所以部分性状没有得到准确数据。"—"表示未观测。

4.4.2 特征性生化成分含量的测定

生化测定样品采集及处理：采摘 1 芽 2 叶新梢，微波炉火烘 3min，置于装有硅胶的自封袋中，密封保存，带回。特征性生化成分含量测定方法：《茶　水浸出物测定》（GB/T 8305—2013）、《茶叶中茶多酚和儿茶素类含量的检测方法》（GB/T 8313—2018）、《茶　咖啡碱测定》（GB/T 8312—2013）、《茶　游离氨基酸总量的测定》（GB/T 8314—2013）。

119 份河南地方茶树种质资源的茶多酚、氨基酸、咖啡碱和水浸出物测定和分析结果见表 9。茶多酚含量为 7.78%～23.50%，平均 14.28%；氨基酸含量为 0.80%～2.88%，平均 1.47%；咖啡碱含量为 1.46%～6.17%，平均 3.85%；酚氨比在 4.19～24.91，平均 10.39；水浸出物含量为 31.88%～51.28%，平均 41.87%。酚氨比在不同的茶树类型间差异最大，变异系数达 35.87%，其次为氨基酸、茶多酚、咖啡碱，变异系数分别为 25.94%、22.44%、21.64%，水浸出物的变异系数最小，仅为 9.92%，生化成分的平均变异系数为 23.16%，表现出很高的变异程度。5 个生化成分的遗传多样性指数（H'）为 1.96～2.10，平均 H' 达 2.02。其中，氨基酸遗传多样性最低，水浸出物最高。

表 9　河南茶树地方种质资源 1 芽 3 叶特征性生化成分含量　　（单位：%）

大类编号 - 小类编号	大类类型	茶多酚	氨基酸	咖啡碱	水浸出物
1-001	特大叶、椭圆形、叶色绿	15.85	1.10	3.11	44.66
2-002	大叶、长椭圆形，叶色深绿	21.62	1.13	4.58	34.96
2-003		13.67	1.77	4.06	41.44
2-004		18.74	1.18	4.00	36.76
2-005		13.08	1.19	4.47	46.26
3-006	大叶、长椭圆形，叶色浅绿	10.10	1.37	4.00	38.03
4-007	大叶、椭圆形、叶色深绿	8.17	1.13	2.89	37.04
4-008		12.67	1.08	3.33	37.40
5-009	大叶、椭圆形、叶色浅绿	13.16	1.39	3.84	39.08
5-010		16.99	1.16	4.00	41.81
5-011		8.91	1.37	3.94	37.27
6-012	大叶、披针形、叶色深绿	9.96	1.17	5.96	41.43

续表

大类编号 - 小类编号	大类类型	茶多酚	氨基酸	咖啡碱	水浸出物
7-013	大叶、近圆形、叶色深绿	13.96	1.35	4.60	44.50
8-014	中叶、长椭圆形、叶色浅绿	11.13	1.10	3.42	41.13
8-015		14.22	1.29	3.24	36.09
8-016		15.50	1.89	5.15	46.80
8-017		8.38	2.00	2.86	35.36
8-018		12.83	1.46	4.25	38.41
9-019	中叶、长椭圆形、叶色绿	13.41	1.71	4.26	41.94
9-020		15.13	1.81	2.79	44.03
9-021		16.10	1.51	3.68	36.85
9-022		19.62	1.27	3.55	45.47
10-023	中叶、长椭圆形、叶色黄绿	13.06	2.45	3.69	39.87
10-024		10.74	1.42	1.46	31.88
11-025	中叶、椭圆形、叶色深绿	17.60	1.40	3.62	43.95
11-026		15.83	1.12	4.08	47.09
12-027	中叶、椭圆形、叶色浅绿	7.78	1.45	5.47	36.31
12-028		13.11	1.21	3.32	40.28
12-029		12.98	1.22	3.39	46.54
12-030		10.69	2.19	3.17	42.76
12-031		15.05	1.04	3.52	35.32
12-032		10.14	1.52	5.16	41.01
13-033	中叶、椭圆形、叶色绿	9.37	1.72	3.44	41.26
13-034		11.24	2.34	3.90	48.38
13-035		16.31	1.46	3.84	34.30
13-036		13.64	1.02	4.43	42.35
13-037		23.50	1.55	5.06	42.27
13-038		8.22	1.53	4.09	43.19
13-039		14.66	1.64	3.74	39.21
13-040		14.25	1.24	3.61	44.78
13-041		13.22	1.84	3.72	40.37
14-042	中叶、椭圆形、叶色黄绿	10.96	1.72	4.15	41.81
14-043		17.85	0.98	3.87	39.04

续表

大类编号- 小类编号	大类类型	茶多酚	氨基酸	咖啡碱	水浸出物
14-044	中叶、椭圆形、叶色黄绿	11.32	2.24	3.44	45.16
14-045		16.27	1.59	4.87	48.96
14-046		14.31	1.01	5.04	40.20
14-047		16.52	1.21	4.56	46.71
14-048		14.63	1.21	5.40	39.60
15-049	中叶、披针形、叶色深绿	9.27	1.13	5.67	41.45
16-050	中叶、披针形、叶色浅绿	9.39	1.29	4.50	44.44
17-051	中叶、披针形、叶色黄绿	16.58	1.18	4.68	40.18
17-052		10.18	0.94	4.35	32.94
18-053	中叶、近圆形、叶色深绿	13.26	1.57	3.96	36.15
19-054	中叶、近圆形、叶色绿	12.55	1.52	4.42	42.32
19-055		15.59	1.92	3.53	41.79
20-056	中叶、近圆形、叶色黄绿	16.99	1.05	2.10	49.06
20-057		17.42	1.44	3.54	35.49
20-058		14.26	1.50	3.20	46.51
21-059	小叶、长椭圆形、叶色深绿	12.11	1.66	3.02	40.81
22-060	小叶、长椭圆形、叶色浅绿	15.67	1.30	3.81	36.71
22-061		16.04	1.23	3.20	38.72
23-062	小叶、长椭圆形、叶色绿	21.78	0.87	4.54	42.60
23-063		12.18	1.44	2.97	39.12
23-064		13.11	0.89	3.17	36.90
24-065	小叶、长椭圆形、叶色黄绿	14.12	1.57	3.84	41.55
24-066		16.64	2.06	3.94	43.02
24-067		14.09	1.17	3.81	44.88
24-068		16.91	2.20	4.63	50.12
24-069		16.50	1.31	3.62	44.22
24-070		10.20	0.80	2.87	37.16
25-071	小叶、椭圆形、叶色深绿	11.41	1.13	6.17	43.92
26-072	小叶、椭圆形、叶色浅绿	15.14	1.50	4.17	37.14
26-073		13.78	0.92	4.67	44.02
26-074		19.78	1.20	2.92	48.29
26-075		14.69	1.27	3.44	41.88
26-076		17.39	1.45	4.65	49.06

续表

大类编号-小类编号	大类类型	茶多酚	氨基酸	咖啡碱	水浸出物
27-077	小叶、椭圆形、叶色绿	12.11	1.82	3.35	40.65
27-078		12.58	1.54	4.01	43.03
27-079		18.58	1.40	3.52	44.96
27-080		17.56	1.67	3.03	43.11
27-081		10.16	1.43	1.55	34.90
27-082		13.29	1.80	3.80	38.22
27-083		13.47	1.34	4.70	42.45
27-084		22.24	1.42	2.76	39.94
27-085		12.80	1.73	2.98	50.46
28-086	小叶、椭圆形、叶色黄绿	17.14	1.67	4.28	45.19
28-087		15.79	1.25	3.27	43.42
28-088		14.07	1.57	3.48	48.42
28-089		11.55	1.66	4.38	39.21
28-090		14.61	1.17	3.65	46.44
28-091		12.67	1.69	4.92	44.11
28-092		14.74	1.20	3.75	44.94
28-093		18.77	1.76	5.05	45.62
28-094		14.00	1.10	3.83	38.96
28-095		15.22	1.81	2.75	48.79
28-096		11.34	1.77	3.12	41.02
28-097		18.64	1.11	4.31	36.64
28-098		13.78	1.45	4.96	49.31
28-099		18.13	0.98	3.95	46.03
28-100		14.43	1.73	4.61	40.85
29-101	小叶、披针形、叶色绿	8.75	1.50	3.22	36.61
29-102		14.81	1.27	5.03	44.67
30-103	小叶、披针形、叶色黄绿	12.68	1.93	4.15	41.46
30-104		9.61	1.05	4.24	42.79
30-105		15.36	2.06	3.81	42.27
31-106	小叶、近圆形、叶色深绿	14.43	1.86	3.39	49.66
31-107		14.24	1.41	4.67	42.59

续表

大类编号 - 小类编号	大类类型	茶多酚	氨基酸	咖啡碱	水浸出物
32-108	小叶、近圆形、叶色浅绿	15.50	1.51	4.84	42.80
32-109		21.75	1.15	4.19	38.42
33-110	小叶、近圆形、叶色绿	13.45	1.96	2.76	42.94
33-111		17.60	1.40	3.62	43.95
33-112		18.21	2.88	4.26	38.71
33-113		13.23	1.12	2.32	44.43
34-114	小叶、近圆形、叶色黄绿	12.64	2.40	3.33	41.09
34-115		15.24	2.37	3.09	42.67
34-116		11.23	1.96	2.32	36.25
35-117	小叶、卵圆形、叶色黄绿	17.19	0.97	2.80	51.28
35-118		14.12	1.48	3.04	39.16
36-119	小叶、卵圆形、叶色浅绿	18.08	1.39	3.52	44.27

4.4.3　分子水平遗传多样性及亲缘关系分析

分子生物学样品采集及处理：采摘 1 芽 3 叶新梢，置于装有硅胶的自封袋中，密封保存，带回后放于 −80℃冰箱中保存。

为探究河南当地茶树种质资源的地域演化路径，收集了云南、贵州、广西、四川、湖北、湖南、陕西、安徽 8 个省份共 36 个地方品种。用 43 对 EST-SSR 引物对种质资源进行扩增，共检测到 301 个等位基因，817 个基因型。平均每对引物扩增出 7 个等位基因和 19 个基因型；河南地方茶树种质资源的观测杂合度 Ho 为 0.1120～0.9922，平均值 0.8464。Nei 基因多样性 H 为 0.2232～0.9148，平均值 0.7663。河南地方茶树种质资源拥有较高的遗传多样性。

河南和陕西茶树资源的遗传距离最近，其次是安徽、四川、云南、贵州、广西。推测河南地方茶树种质资源可能由云贵地区，再经四川、陕西传至河南，可能还有部分资源来源于安徽（图 14）。

4.4.4　优异种质资源的挖掘

根据叶片表型性状和生化成分的检测结果，从收集的 119 份河南地方茶

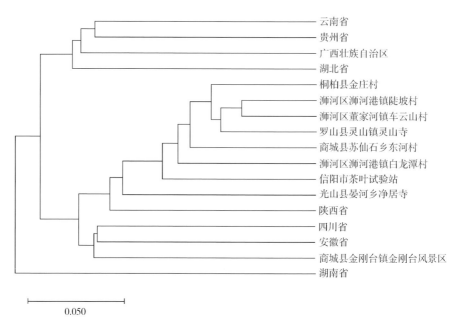

图 14　9 个省份茶树地方种质资源亲缘关系图

树种质资源中共筛选出 15 份特异资源和 8 份优良种质资源。其中 027 号、037 号、083 号和 109 号资源包括多个优良性状（表 10）。

表 10　河南茶树地方种质资源中优良和特异资源

资源类型	性状	资源名称
特异种质资源	高咖啡碱（≥5.0%）	012（5.96%）、016（5.15%）、027（5.47%）、032（5.16%）、037（5.06%）、046（5.04%）、048（5.40%）、049（5.67%）、071（6.17%）、093（5.05%）、102（5.03%）
	叶长（≤3.0cm）	083（3.0cm）、109（3.0cm）
	叶宽（≤2.0cm）	066（1.4cm）、078（1.4cm）、083（1.2cm）、109（1.5cm）
优良种质资源	低茶多酚（≤8%）	027（7.78%）
	高茶多酚（≥20%）	002（21.62%）、037（23.50%）、062（21.78%）、084（22.24%）、109（21.75%）
	高水浸出物（≥50%）	068（50.12%）、085（50.46%）、117（51.28%）

5 河南茶树地方种质资源特征特性及原色图谱

类型 1：特大叶、椭圆形、叶色绿

类型 1-001

灌木型，树姿半开展，特大叶类。

春季新梢芽叶色泽浅绿，1 芽 3 叶长 64.25mm，1 芽 3 叶百芽重 39.0g。芽叶茸毛少，光泽性中，新梢发芽密度稀（图 1.1～图 1.2）。

秋季定型叶叶长 154mm，叶宽 63mm，叶面积 67.91cm^2。叶形椭圆形，叶片厚 0.32mm，叶色绿，叶面微隆起，叶片呈稍上斜状着生，光泽性中，叶片横切面平，叶缘平直状，叶齿锐度锐、密度密、深度浅，叶尖渐尖，叶基钝形（图 1.3～图 1.5）。

花柱裂位高，柱头 3 裂，花柱长 14mm，花丝长 14mm，雌雄蕊等高，子房有茸毛（图 1.6）。果实肾形，直径 24.02mm，果皮厚 0.61mm。种子球形，重 0.48g，种径小，种皮棕色。结实力弱。

秋季 1 芽 3 叶干样茶多酚 15.85%，氨基酸 1.10%，咖啡碱 3.11%，水浸出物 44.66%。

图 1.1　春梢

图 1.2　植株（春）

图 1.3　秋梢　　　　图 1.4　植株（秋）

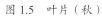

图 1.5　叶片（秋）　　　　图 1.6　花

类型 2：大叶、长椭圆形、叶色深绿

类型 2-002

灌木型，树姿半开展，大叶类。

春季新梢芽叶色泽绿，1 芽 3 叶长 68.20mm，1 芽 3 叶百芽重 65.3g。芽叶茸毛多，光泽性强，新梢发芽密度稀（图 2.1～图 2.2）。

秋季定型叶叶长 128mm，叶宽 45mm，叶面积 40.32cm²。叶形长椭圆形，叶片厚 0.42mm，叶色深绿，叶面微隆起，叶片呈上斜状着生，光泽性中，叶片横切面内折，叶缘平直状，叶齿锐度锐、密度密、深度浅，叶尖渐尖至急尖，叶基钝形（图 2.3～图 2.5）。

花柱裂位高，柱头 3 裂，花柱长 15mm，花丝长 13mm，雌蕊高于雄蕊，子房有茸毛（图 2.6）。果实肾形，直径 30.11mm，果皮厚 0.91mm。种子球形，重 1.57g，种径小，种皮棕色。结实力弱。

秋季 1 芽 3 叶干样茶多酚 21.62%，氨基酸 1.13%，咖啡碱 4.58%，水浸出物 34.96%。

图 2.1　春梢　　　　　　　　图 2.2　植株（春）

图 2.3 秋梢

图 2.4 植株（秋）

图 2.5 叶片（秋）

图 2.6 花

类型 2-003

灌木型，树姿半开展，大叶类。

春季新梢芽叶色泽黄绿，1 芽 3 叶长 75.38mm，1 芽 3 叶白芽重 39.4g。芽叶茸毛多，光泽性强，新梢发芽密度稀（图 3.1～图 3.2）。

秋季定型叶叶长 140mm，叶宽 47mm，叶面积 46.06cm^2。叶形长椭圆形，叶片厚 0.28mm，叶色深绿，叶面微隆起，叶片呈水平至稍上斜状着生，光泽性暗，叶片横切面内折，叶缘平直状，叶齿锐度钝、密度中、深度浅，叶尖急尖，叶基钝形（图 3.3～图 3.5）。

花柱裂位高，柱头 3 裂，花柱长 16mm，花丝长 14mm，雌蕊高于雄蕊，子房有茸毛（图 3.6）。种子球形，重 0.66g，种径大，种皮棕色。

秋季 1 芽 3 叶干样茶多酚 13.67%，氨基酸 1.77%，咖啡碱 4.06%，水浸出物 41.44%。

图 3.1　春梢

图 3.2　植株（春）

图 3.3　秋梢

图 3.4　植株（秋）

图 3.5　叶片（秋）

图 3.6　花

类型 2-004

灌木型，树姿半开展，大叶类。

春季新梢芽叶色泽绿，1芽3叶长73.64mm，1芽3叶百芽重35.8g。芽叶茸毛中，光泽性中，新梢发芽密度中（图4.1～图4.2）。

秋季定型叶叶长125mm，叶宽46mm，叶面积40.25cm²。叶形长椭圆形，叶片厚0.35mm，叶色深绿，叶面微隆起，叶片呈水平至稍上斜状着生，光泽性暗，叶片横切面内折，叶缘平直状，叶齿锐度锐、密度密、深度中，叶尖急尖，叶基钝形（图4.3～图4.5）。

花柱裂位高，柱头3裂，花柱长16mm，花丝长14mm，雌蕊高于雄蕊，子房有茸毛（图4.6）。果实三角形，直径25.62mm，果皮厚0.51mm。种子球形，重0.99g，种径大，种皮棕色。结实力强。

秋季1芽3叶干样茶多酚18.74%，氨基酸1.18%，咖啡碱4.00%，水浸出物36.76%。

图4.1 春梢

图4.2 植株（春）

图 4.3 秋梢

图 4.4 植株（秋）

图 4.5 叶片（秋）

图 4.6 花

类型 2-005

灌木型，树姿半开展，大叶类。

春季新梢芽叶色泽绿，1 芽 3 叶长 66.00mm，1 芽 3 叶百芽重 24.7g。芽叶茸毛少，光泽性中，新梢发芽密度稀（图 5.1～图 5.2）。

秋季定型叶叶长 130mm，叶宽 46mm，叶面积 41.86cm^2。叶形长椭圆形，叶片厚 0.27mm，叶色深绿，叶面微隆起，叶片呈稍上斜状着生，光泽性中，叶片横切面平，叶缘平直状，叶齿锐度锐、密度密、深度中，叶尖急尖，叶基楔形（图 5.3～图 5.5）。

花柱裂位高，柱头 3 裂，花柱长 11mm，花丝长 7mm，雌蕊高于雄蕊，子房有茸毛（图 5.6）。

秋季 1 芽 3 叶干样茶多酚 13.08%，氨基酸 1.19%，咖啡碱 4.47%，水浸出物 46.26%。

图 5.1　春梢

图 5.2　植株（春）

图 5.3 秋梢

图 5.4 植株（秋）

图 5.5 叶片（秋）

图 5.6 花

类型 3：大叶、长椭圆形、叶色浅绿

类型 3-006

灌木型，树姿半开展，大叶类。

春季新梢芽叶色泽浅绿，1 芽 3 叶长 69.50mm，1 芽 3 叶百芽重 23.3g。芽叶茸毛少，光泽性中，新梢发芽密度稀（图 6.1～图 6.2）。

秋季定型叶叶长 150mm，叶宽 53mm，叶面积 55.65cm²。叶形长椭圆形，叶片厚 0.34mm，叶色浅绿，叶面微隆起，叶片呈水平至稍上斜状着生，光泽性中，叶片横切面平，叶缘平直状，叶齿锐度锐、密度密、深度深，叶尖渐尖，叶基楔形至钝形（图 6.3～图 6.5）。

花柱裂位中，柱头 3 裂，花柱长 15mm，花丝长 13mm，雌蕊高于雄蕊，子房有茸毛（图 6.6）。果实三角形，直径 23.80mm，果皮厚 0.84mm。种子球形，重 1.43g，种径中，种皮褐色。结实力中。

秋季 1 芽 3 叶干样茶多酚 10.10%，氨基酸 1.37%，咖啡碱 4.00%，水浸出物 38.03%。

图 6.1　春梢　　　图 6.2　植株（春）

图 6.3　秋梢

图 6.4　植株（秋）

图 6.5　叶片（秋）

图 6.6　花

类型 4：大叶、椭圆形、叶色深绿

类型 4-007

灌木型，树姿半开展，大叶类。

春季新梢芽叶色泽黄绿，1 芽 3 叶长 42.75mm，1 芽 3 叶百芽重 50.0g。芽叶茸毛少，光泽性中，新梢发芽密度稀（图 7.1～图 7.2）。

秋季定型叶叶长 121mm，叶宽 50mm，叶面积 42.35cm²。大叶类，叶形椭圆形，叶片厚 0.18mm，叶色深绿，叶面微隆起，叶片呈稍上斜状着生，光泽性强，叶片横切面平，叶缘平直状，叶齿锐度中、密度中、深度中，叶尖渐尖至急尖，叶基楔形至钝形（图 7.3～图 7.5）。

花柱裂位中，柱头 3 裂，花柱长 16.0mm，花丝长 14.0mm，雌蕊高于雄蕊，子房有茸毛（图 7.6）。果实肾形，直径 30.52mm，果皮厚 0.83mm。种子球形，重 1.55g，种径大，种皮棕色。结实力弱。

秋季 1 芽 3 叶干样茶多酚 8.17%，氨基酸 1.13%，咖啡碱 2.89%，水浸出物 37.04%。

图 7.1　春梢

图 7.2　植株（春）

图 7.3 秋梢

图 7.4 植株（秋）

图 7.5 叶片（秋）

图 7.6 花

类型 4-008

灌木型，树姿半开展，大叶类。

春季新梢芽叶色泽黄绿，1 芽 3 叶长 48.75mm，1 芽 3 叶百芽重 51.0g。芽叶茸毛多，光泽性强，新梢发芽密度稀（图 8.1～图 8.2）。

秋季定型叶叶长 138mm，叶宽 60mm，叶面积 57.96cm^2。叶形椭圆形，叶片厚 0.29mm，叶色深绿，叶面微隆起，叶片呈水平至稍上斜状着生，光泽性暗，叶片横切面平，叶缘平直状，叶齿锐度锐、密度密、深度深，叶尖渐尖至急尖，叶基钝形（图 8.3～图 8.5）。

花柱裂位低，柱头 3 裂，花柱长 18mm，花丝长 14mm，雌蕊高于雄蕊，子房有茸毛（图 8.6）。果实球形，直径 17.85mm，果皮厚 0.85mm。种子球形，重 1.64g，种径大，种皮棕色。结实力强。

秋季 1 芽 3 叶干样茶多酚 12.67%，氨基酸 1.08%，咖啡碱 3.33%，水浸出物 37.40%。

图 8.1　春梢　　　　　　图 8.2　植株（春）

图 8.3　秋梢　　　　　　　　　　　图 8.4　植株（秋）

图 8.5　叶片（秋）　　　　　　　　图 8.6　花

类型 5：大叶、椭圆形、叶色浅绿

类型 5-009

灌木型，树姿半开展，大叶类。

春季新梢芽叶色泽黄绿，1 芽 3 叶长 58.60mm，1 芽 3 叶百芽重 24.6g。芽叶茸毛少，光泽性强，新梢发芽密度中（图 9.1～图 9.2）。

秋季定型叶叶长 120mm，叶宽 55mm，叶面积 46.20cm^2。叶形椭圆形，叶片厚 0.32mm，叶色浅绿，叶面微隆起，叶片呈上斜状着生，光泽性中，叶片横切面平，叶缘波状，叶齿锐度中、密度密、深度中，叶尖渐尖至急尖，叶基钝形（图 9.3～图 9.5）。

花柱裂位高，柱头 3 裂，花柱长 10mm，花丝长 9mm，雌蕊高于雄蕊，子房有茸毛（图 9.6）。果实三角形，直径 22.63mm，果皮厚 0.83mm。种子球形，重 1.35g，种径中，种皮棕色。结实力强。

秋季 1 芽 3 叶干样茶多酚 13.16%，氨基酸 1.39%，咖啡碱 3.84%，水浸出物 39.08%。

图 9.1　春梢

图 9.2　植株（春）

图 9.3 秋梢

图 9.4 植株（秋）

图 9.5 叶片（秋）

图 9.6 花

类型 5-010

灌木型，树姿半开展，大叶类。

春季新梢芽叶色泽浅绿，1 芽 3 叶长 71.25mm，1 芽 3 叶百芽重 91.3g。芽叶茸毛多，光泽性强，新梢发芽密度中（图 10.1～图 10.2）。

秋季定型叶叶长 123mm，叶宽 57mm，叶面积 49.08cm²。叶形椭圆形，叶片厚 0.29mm，叶色浅绿，叶面微隆起，叶片呈稍上斜状着生，光泽性中，叶片横切面平，叶缘平直状，叶齿锐度中、密度中、深度中，叶尖急尖，叶基钝形至近圆形（图 10.3～图 10.5）。

花柱裂位高，柱头 3 裂，花柱长 7mm，花丝长 8mm，雌蕊低于雄蕊，子房有茸毛（图 10.6）。果实三角形，直径 31.50mm，果皮厚 0.78mm。种子球形，重 2.35g，种径小，种皮褐色。结实力弱。

秋季 1 芽 3 叶干样茶多酚 16.99%，氨基酸 1.16%，咖啡碱 4.00%，水浸出物 41.81%。

图 10.1　春梢

图 10.2　植株（春）

图 10.3　秋梢

图 10.4　植株（秋）

图 10.5　叶片（秋）

图 10.6　花

类型 5-011

灌木型，树姿半开展，大叶类。

春季新梢芽叶色泽绿，1 芽 3 叶长 100.67mm，1 芽 3 叶百芽重 184.7g。芽叶茸毛少，光泽性强，新梢发芽密度稀（图 11.1～图 11.2）。

秋季定型叶叶长 135mm，叶宽 55mm，叶面积 51.98cm²。叶形椭圆形，叶片厚 0.40mm，叶色浅绿，叶面微隆起，叶片呈水平状着生，光泽性暗，叶片横切面平，叶缘平直状，叶齿锐度锐、密度密、深度深，叶尖急尖，叶基楔形至钝形（图 11.3～图 11.5）。

花柱裂位高，柱头 3 裂，花柱长 11mm，花丝长 12mm，雌蕊低于雄蕊，子房有茸毛（图 11.6）。果实肾形，直径 23.76mm，果皮厚 1.12mm。种子球形，重 1.89g，种径大，种皮棕色。结实力中。

秋季 1 芽 3 叶干样茶多酚 8.91%，氨基酸 1.37%，咖啡碱 3.94%，水浸出物 37.27%。

图 11.1　春梢

图 11.2　植株（春）

图 11.3 秋梢

图 11.4 植株（秋）

图 11.5 叶片（秋）

图 11.6 花

类型 6：大叶、披针形、叶色深绿

类型 6-012

灌木型，树姿半开展，大叶类。

春季新梢芽叶色泽黄绿，1 芽 3 叶长 39.50mm，1 芽 3 叶百芽重 39.4g。芽叶茸毛中，光泽性强，新梢发芽密度中（图 12.1～图 12.2）。

秋季定型叶叶长 145mm，叶宽 47mm，叶面积 47.71cm²。叶形披针形，叶片厚 0.23mm，叶色深绿，叶面微隆起，叶片呈水平状着生，光泽性中，叶片横切面平，叶缘平直状，叶齿锐度锐、密度中、深度中，叶尖急尖，叶基楔形（图 12.3～图 12.5）。

花柱裂位高，柱头 3 裂，花柱长 14mm，花丝长 12mm，雌蕊高于雄蕊，子房有茸毛（图 12.6）。

秋季 1 芽 3 叶干样茶多酚 9.96%，氨基酸 1.17%，咖啡碱 5.96%，水浸出物 41.43%。

图 12.1　春梢

图 12.2　植株（春）

图 12.3　秋梢

图 12.4　植株（秋）

图 12.5　叶片（秋）

图 12.6　花

类型7：大叶、近圆形、叶色深绿

类型7-013

灌木型，树姿半开展，大叶类。

春季新梢芽叶色泽绿，1芽3叶长65.71mm，1芽3叶百芽重42.3g。芽叶茸毛少，光泽性强，新梢发芽密度稀（图13.1~图13.2）。

秋季定型叶叶长105mm，叶宽55mm，叶面积40.43cm²。叶形近圆形，叶片厚0.41mm，叶色深绿，叶面隆起，叶片呈水平状着生，光泽性中，叶片横切面稍背卷，叶缘平直状，叶齿锐度锐、密度密、深度浅，叶尖急尖至钝尖，叶基钝形至近圆形（图13.3~图13.5）。

花柱裂位高，柱头3裂，花柱长14mm，花丝长12mm，雌蕊高于雄蕊，子房有茸毛（图13.6）。果实三角形，直径23.61mm，果皮厚0.73mm。种子球形，重1.30g，种径中，种皮棕褐色。结实力弱。

秋季1芽3叶干样茶多酚13.96%，氨基酸1.35%，咖啡碱4.60%，水浸出物44.50%。

图13.1　春梢　　　　　　　　　　　图13.2　植株（春）

图 13.3 秋梢

图 13.4 植株（秋）

图 13.5 叶片（秋）

图 13.6 花

类型 8：中叶、长椭圆形、叶色浅绿

类型 8-014

灌木型，树姿半开展，中叶类。

春季新梢芽叶色泽绿，1 芽 3 叶长 100mm，1 芽 3 叶百芽重 99.0g。芽叶茸毛少，光泽性强，新梢发芽密度中（图 14.1～图 14.2）。

秋季定型叶叶长 108mm，叶宽 36mm，叶面积 27.22cm^2。叶形长椭圆形，叶片厚 0.35mm，叶色浅绿，叶面微隆起，叶片呈稍上斜状着生，光泽性中，叶片横切面稍背卷，叶缘平直状，叶齿锐度锐、密度密、深度中，叶尖渐尖至急尖，叶基钝形（图 14.3～图 14.5）。

花柱裂位中，柱头 3 裂，花柱长 15.0mm，花丝长 13.0mm，雌蕊高于雄蕊，子房有茸毛（图 14.6）。果实球形，直径 16.33mm，果皮厚 0.55mm。种子球形，重 0.84g，种径中，种皮棕色。结实力弱。

秋季 1 芽 3 叶干样茶多酚 11.13%，氨基酸 1.10%，咖啡碱 3.42%，水浸出物 41.13%。

图 14.1　春梢

图 14.2　植株（春）

图 14.3　秋梢

图 14.4　植株（秋）

图 14.5　叶片（秋）

图 14.6　花

类型 8-015

灌木型，树姿半开展，中叶类。

春季新梢芽叶色泽浅绿，1 芽 3 叶长 50.75mm，1 芽 3 叶百芽重 91.8g。芽叶茸毛少，光泽性中，新梢发芽密度中（图 15.1～图 15.2）。

秋季定型叶叶长 115mm，叶宽 40mm，叶面积 32.20cm^2。中叶类，叶形长椭圆形，叶片厚 0.28mm，叶色浅绿，叶面微隆起，叶片呈下垂状着生，光泽性中，叶片横切面稍背卷，叶缘波状，叶齿锐度锐、密度中、深度浅，叶尖渐尖，叶基楔形（图 15.3～图 15.5）。

花柱裂位中，柱头 3 裂，花柱长 15mm，花丝长 13mm，雌蕊高于雄蕊，子房有茸毛（图 15.6）。

秋季 1 芽 3 叶干样茶多酚 14.22%，氨基酸 1.29%，咖啡碱 3.24%，水浸出物 36.09%。

图 15.1　春梢

图 15.2　植株（春）

图 15.3　秋梢

图 15.4　植株（秋）

图 15.5　叶片（秋）

图 15.6　花

类型 8-016

灌木型，树姿半开展，中叶类。

春季新梢芽叶色泽黄绿，1 芽 3 叶长 63.40mm，1 芽 3 叶百芽重 67.2g。芽叶茸毛少，光泽性中，新梢发芽密度密（图 16.1～图 16.2）。

秋季定型叶叶长 123mm，叶宽 45mm，叶面积 38.75cm^2。叶形长椭圆形，叶片厚 0.39mm，叶色浅绿，叶面微隆起，叶片呈上斜状着生，光泽性中，叶片横切面内折，叶缘平直状，叶齿锐度锐、密度密、深度深，叶尖渐尖至急尖，叶基楔形（图 16.3～图 16.5）。

花柱裂位高，柱头 3 裂，花柱长 14mm，花丝长 12mm，雌蕊高于雄蕊，子房有茸毛（图 16.6）。果实球形，直径 17.82mm，果皮厚 0.77mm。种子球形，重 0.84g，种径小，种皮棕色。结实力强。

秋季 1 芽 3 叶干样茶多酚 15.50%，氨基酸 1.89%，咖啡碱 5.15%，水浸出物 46.80%。

图 16.1　春梢

图 16.2　植株（春）

图 16.3　秋梢

图 16.4　植株（秋）

图 16.5　叶片（秋）

图 16.6　花

类型 8-017

灌木型，树姿半开展，中叶类。

春季新梢芽叶色泽黄绿，1 芽 3 叶长 37.50mm，1 芽 3 叶百芽重 29.8g。芽叶茸毛中，光泽性强，新梢发芽密度密（图 17.1～图 17.2）。

秋季定型叶叶长 90mm，叶宽 32mm，叶面积 20.16cm^2。叶形长椭圆形，叶片厚 0.18mm，叶色浅绿，叶面微隆起，叶片呈上斜状着生，光泽性中，叶片横切面内折，叶缘微波状，叶齿锐度中、密度中、深度中，叶尖渐尖，叶基楔形（图 17.3～图 17.5）。

花柱裂位高，柱头 3 裂，花柱长 10mm，花丝长 9mm，雌蕊高于雄蕊，子房有茸毛（图 17.6）。果实球形，直径 17.15mm，果皮厚 0.48mm。种子球形，重 0.50g，种径大，种皮棕色。结实力弱。

秋季 1 芽 3 叶干样茶多酚 8.38%，氨基酸 2.00%，咖啡碱 2.86%，水浸出物 35.36%。

图 17.1　春梢　　　　　　　　　　图 17.2　植株（春）

图 17.3　秋梢

图 17.4　植株（秋）

图 17.5　叶片（秋）

图 17.6　花

类型 8-018

灌木型，树姿半开展，中叶类。

春季新梢芽叶色泽绿，1 芽 3 叶长 33.25mm，1 芽 3 叶百芽重 34.3g。芽叶茸毛少，光泽性强，新梢发芽密度中（图 18.1～图 18.2）。

秋季定型叶叶长 110mm，叶宽 42mm，叶面积 32.34cm^2。叶形长椭圆形，叶片厚 0.22mm，叶色浅绿，叶面微隆起，叶片呈水平状着生，光泽性中，叶片横切面平，叶缘平直状，叶齿锐度锐、密度密、深度中，叶尖急尖，叶基钝形至近圆形（图 18.3～图 18.5）。

花柱裂位低，柱头 3 裂，花柱长 13mm，花丝长 10mm，雌蕊高于雄蕊，子房有茸毛（图 18.6）。

秋季 1 芽 3 叶干样茶多酚 12.83%，氨基酸 1.46%，咖啡碱 4.25%，水浸出物 38.41%。

图 18.1　春梢

图 18.2　植株（春）

图 18.3　秋梢

图 18.4　植株（秋）

图 18.5　叶片（秋）

图 18.6　花

类型9：中叶、长椭圆形、叶色绿

类型9-019

灌木型，树姿半开展，中叶类。

春季新梢芽叶色泽黄绿，1芽3叶长61.25mm，1芽3叶百芽重62.0g。芽叶茸毛中，光泽性中，新梢发芽密度中（图19.1～图19.2）。

秋季定型叶叶长100mm，叶宽39mm，叶面积27.30cm²。叶形长椭圆形，叶片厚0.27mm，叶色绿，叶面微隆起，叶片呈上斜状着生，光泽性中，叶片横切面内折，叶缘微波状，叶齿锐度中、密度中、深度中，叶尖渐尖，叶基钝形（图19.3～图19.5）。

花柱裂位高，柱头3裂，花柱长15mm，花丝长11mm，雌蕊高于雄蕊，子房有茸毛（图19.6）。果实肾形，直径27.29mm，果皮厚0.67mm。种子球形，重1.33g，种径大，种皮棕色。结实力强。

秋季1芽3叶干样茶多酚13.41%，氨基酸1.71%，咖啡碱4.26%，水浸出物41.94%。

图19.1 春梢

图19.2 植株（春）

图 19.3　秋梢

图 19.4　植株（秋）

图 19.5　叶片（秋）

图 19.6　花

灌木型，树姿半开展，中叶类。

春季新梢芽叶色泽黄绿，1 芽 3 叶长 55.25mm，1 芽 3 叶百芽重 69.0g。芽叶茸毛少，光泽性中，新梢发芽密度中（图 20.1～图 20.2）。

秋季定型叶叶长 95mm，叶宽 35mm，叶面积 23.28cm²。叶形长椭圆形，叶片厚 0.25mm，叶色绿，叶面微隆起，叶片呈稍上斜状着生，光泽性中，叶片横切面内折，叶缘平直状，叶齿锐度锐、密度中、深度中，叶尖渐尖至急尖，叶基楔形至钝形（图 20.3～图 20.5）。

花柱裂位高，柱头 3 裂，花柱长 13mm，花丝长 8mm，雌蕊高于雄蕊，子房无茸毛（图 20.6）。果实肾形，直径 24.81mm，果皮厚 0.69mm。种子球形，重 1.12g，种径大，种皮棕色。结实力强。

秋季 1 芽 3 叶干样茶多酚 15.13%，氨基酸 1.81%，咖啡碱 2.79%，水浸出物 44.03%。

图 20.1　春梢

图 20.2　植株（春）

图 20.3　秋梢

图 20.4　植株（秋）

图 20.5　叶片（秋）

图 20.6　花

类型 9-021

灌木型，树姿半开展，中叶类。

春季新梢芽叶色泽绿，1 芽 3 叶长 77.42mm，1 芽 3 叶百芽重 36.7g。芽叶茸毛少，光泽性强，新梢发芽密度稀（图 21.1～图 21.2）。

秋季定型叶叶长 101mm，叶宽 38mm，叶面积 26.87cm²。叶形长椭圆形，叶片厚 0.33mm，叶色绿，叶面微隆起，叶片呈稍上斜状着生，光泽性强，叶片横切面内折，叶缘微波状，叶齿锐度锐、密度密、深度中，叶尖渐尖，叶基楔形至钝形（图 21.3～图 21.5）。

花柱裂位高，柱头 3 裂，花柱长 13mm，花丝长 12mm，雌蕊高于雄蕊，子房有茸毛（图 21.6）。果实三角形，直径 25.25mm，果皮厚 0.76mm。种子球形，重 1.61g，种径大，种皮棕色。结实力强。

秋季 1 芽 3 叶干样茶多酚 16.10%，氨基酸 1.51%，咖啡碱 3.68%，水浸出物 36.85%。

图 21.1　春梢

图 21.2　植株（春）

图 21.3 秋梢

图 21.4 植株（秋）

图 21.5 叶片（秋）

图 21.6 花

类型 9-022

灌木型，树姿半开展，中叶类。

春季新梢芽叶色泽绿，1 芽 3 叶长 80.00mm，1 芽 3 叶百芽重 59.1g。芽叶茸毛少，光泽性强，新梢发芽密度稀（图 22.1～图 22.2）。

秋季定型叶叶长 122mm，叶宽 42mm，叶面积 35.87cm^2。叶形长椭圆形，叶片厚 0.32mm，叶色绿，叶面微隆起，叶片呈稍上斜状着生，光泽性中，叶片横切面内折，叶缘微波状，叶齿锐度锐、密度密、深度深，叶尖渐尖，叶基楔形至钝形（图 22.3～图 22.5）。

花柱裂位高，柱头 3 裂，花柱长 15mm，花丝长 11mm，雌蕊高于雄蕊，子房有茸毛（图 22.6）。果实三角形，直径 23.57mm，果皮厚 0.92mm。种子球形，重 1.45g，种径中，种皮褐色。结实力中。

秋季 1 芽 3 叶干样茶多酚 19.62%，氨基酸 1.27%，咖啡碱 3.55%，水浸出物 45.47%。

图 22.1　春梢

图 22.2　植株（春）

图 22.3　秋梢

图 22.4　植株（秋）

图 22.5　叶片（秋）

图 22.6　花

类型 10：中叶、长椭圆形、叶色黄绿

灌木型，树姿半开展，中叶类。

春季新梢芽叶色泽绿，1 芽 3 叶长 54.25mm，1 芽 3 叶百芽重 88.3g。芽叶茸毛少，光泽性中，新梢发芽密度中（图 23.1～图 23.2）。

秋季定型叶叶长 114mm，叶宽 44mm，叶面积 35.11cm²。叶形长椭圆形，叶片厚 0.25mm，叶色黄绿，叶面隆起，叶片呈稍上斜状着生，光泽性中，叶片横切面内折，叶缘微波状，叶齿锐度钝、密度稀、深度浅，叶尖渐尖至急尖，叶基楔形（图 23.3～图 23.5）。

花柱裂位高，柱头 3 裂，花柱长 12.0mm，花丝长 12.0mm，雌雄蕊等高，子房有茸毛（图 23.6）。果实三角形，直径 27.01mm，果皮厚 0.71mm。种子球形，重 1.34g，种径大，种皮褐色。结实力强。

秋季 1 芽 3 叶干样茶多酚 13.06%，氨基酸 2.45%，咖啡碱 3.69%，水浸出物 39.87%。

图 23.1 春梢

图 23.2 植株（春）

图 23.3　秋梢

图 23.4　植株（秋）

图 23.5　叶片（秋）

图 23.6　花

类型 10-024

灌木型，树姿半开展，中叶类。

春季新梢芽叶色泽黄绿，1 芽 3 叶长 51.25mm，1 芽 3 叶百芽重 41.0g。芽叶茸毛少，光泽性中，新梢发芽密度中（图 24.1～图 24.2）。

秋季定型叶叶长 92mm，叶宽 36mm，叶面积 23.18cm^2。叶形长椭圆形，叶片厚 0.25mm，叶色黄绿，叶面微隆起，叶片呈上斜状着生，光泽性强，叶片横切面内折，叶缘波状，叶齿锐度锐、密度密、深度中，叶尖渐尖，叶基钝形（图 24.3～图 24.5）。

花柱裂位高，柱头 3 裂，花柱长 11mm，花丝长 11mm，雌雄蕊等高，子房有茸毛（图 24.6）。果实三角形，果皮厚度 0.85mm。种子球形，重 1.70g，种径大，种皮褐色。结实力弱。

秋季 1 芽 3 叶干样茶多酚 10.74%，氨基酸 1.42%，咖啡碱 1.46%，水浸出物 31.88%。

图 24.1 春梢

图 24.2 植株（春）

图 24.3　秋梢

图 24.4　植株（秋）

图 24.5　叶片（秋）

图 24.6　花

类型 11：中叶、椭圆形、叶色深绿

类型 11-025

灌木型，树姿半开展，中叶类。

春季新梢芽叶色泽绿，1 芽 3 叶长 78.80mm，1 芽 3 叶百芽重 47.6g。芽叶茸毛中，光泽性强，新梢发芽密度稀（图 25.1～图 25.2）。

秋季定型叶叶长 92mm，叶宽 38mm，叶面积 24.47cm^2。叶形椭圆形，叶片厚 0.37mm，叶色深绿，叶面平，叶片稍上斜状着生，光泽性强，叶片横切面内折，叶缘波状，叶齿锐度锐、密度密、深度中，叶尖渐尖至急尖，叶基楔形至钝形（图 25.3～图 25.5）。

花柱裂位低，柱头 3 裂，花柱长 14mm，花丝长 13mm，雌蕊高于雄蕊，子房有茸毛（图 25.6）。种子球形，重 1.31g，种径大，种皮棕色。结实力弱。

秋季 1 芽 3 叶干样茶多酚 17.60%，氨基酸 1.40%，咖啡碱 3.62%，水浸出物 43.95%。

图 25.1　春梢

图 25.2　植株（春）

图 25.3 秋梢

图 25.4 植株（秋）

图 25.5 叶片（秋）

图 25.6 花

类型 11-026

灌木型，树姿半开展，中叶类。

春季新梢芽叶色泽黄绿，1 芽 3 叶长 27.00mm，1 芽 3 叶百芽重 21.8g。芽叶茸毛中，光泽性中，新梢发芽密度中（图 26.1～图 26.2）。

秋季定型叶叶长 90mm，叶宽 43mm，叶面积 27.09cm^2。叶形椭圆形，叶片厚 0.35mm，叶色深绿，叶面微隆起，叶片呈稍上斜状着生，光泽性暗，叶片横切面平，叶缘平直状，叶齿锐度锐、密度密、深度中，叶尖渐尖，叶基钝形（图 26.3～图 26.5）。

花柱裂位中，柱头 3 裂，花柱长 15mm，花丝长 13mm，雌蕊高于雄蕊，子房有茸毛（图 26.6）。

秋季 1 芽 3 叶干样茶多酚 15.83%，氨基酸 1.12%，咖啡碱 4.08%，水浸出物 47.09%。

图 26.1　春梢

图 26.2　植株（春）

图 26.3 秋梢

图 26.4 植株（秋）

图 26.5 叶片（秋）

图 26.6 花

类型 12：中叶、椭圆形、叶色浅绿

灌木型，树姿半开展，中叶类。

春季新梢芽叶色泽浅绿，1 芽 3 叶长 17.75mm，1 芽 3 叶百芽重 13.0g。芽叶茸毛中，光泽性强，新梢发芽密度稀（图 27.1～图 27.2）。

秋季定型叶叶长 100mm，叶宽 46mm，叶面积 32.20cm²。叶形椭圆形，叶片厚 0.31mm，叶色浅绿，叶面隆起，叶片呈下垂状着生，光泽性强，叶片横切面稍背卷，叶缘平直状，叶齿锐度锐、密度稀、深度中，叶尖急尖至钝尖，叶基钝形至近圆形（图 27.3～图 27.5）。

花柱裂位高，柱头 3 裂，花柱长度 10mm，花丝长 11mm，雌蕊低于雄蕊，子房有茸毛（图 27.6）。果实三角形，直径 23.95mm，果皮厚 0.50mm。种子球形，重 1.32g，种径大，种皮褐色。结实力中。

秋季 1 芽 3 叶干样茶多酚 7.78%，氨基酸 1.45%，咖啡碱 5.47%，水浸出物 36.31%。

图 27.1　春梢

图 27.2　植株（春）

图 27.3　秋梢

图 27.4　植株（秋）

图 27.5　叶片（秋）

图 27.6　花

类型 12-028

灌木型，树姿半开展，中叶类。

春季新梢芽叶色泽紫绿，1 芽 3 叶长 68.30mm，1 芽 3 叶百芽重 47.7g。芽叶茸毛少，光泽性强，新梢发芽密度稀（图 28.1～图 28.2）。

秋季定型叶叶长 85mm，叶宽 39mm，叶面积 23.21cm²。叶形椭圆形，叶片厚 0.33mm，叶色浅绿，叶面平，叶片呈水平状着生，光泽性暗，叶片横切面平，叶缘微波状，叶齿锐度中、密度中、深度浅，叶尖急尖，叶基近圆形（图 28.3～图 28.5）。

花柱裂位中，柱头 3 裂，花柱长 9mm，花丝长 11mm，雌蕊低于雄蕊，子房有茸毛（图 28.6）。

秋季 1 芽 3 叶干样茶多酚 13.11%，氨基酸 1.21%，咖啡碱 3.32%，水浸出物 40.28%。

图 28.1　春梢　　　　　　　　　　　图 28.2　植株（春）

图 28.3 秋梢

图 28.4 植株（秋）

图 28.5 叶片（秋）

图 28.6 花

类型 12-029

灌木型，树姿半开展，中叶类。

春季新梢芽叶色泽黄绿，1 芽 3 叶长 87.50mm，1 芽 3 叶百芽重 128.5g。芽叶茸毛少，光泽性强，新梢发芽密度密（图 29.1～图 29.2）。

秋季定型叶叶长 85mm，叶宽 36mm，叶面积 21.42cm^2。叶形椭圆形，叶片厚 0.47mm，叶色浅绿，叶面微隆起，叶片呈稍上斜状着生，光泽性中，叶片横切面内折，叶缘平直状，叶齿锐度钝、密度中、深度浅，叶尖急尖至钝尖，叶基钝形至近圆形（图 29.3～图 29.5）。

秋季 1 芽 3 叶干样茶多酚 12.98%，氨基酸 1.22%，咖啡碱 3.39%，水浸出物 46.54%。

图 29.1　春梢

图 29.2　植株（春）

图 29.3 秋梢

图 29.4 植株（秋）

图 29.5 叶片（秋）

类型 12-030

灌木型，树姿半开展，中叶类。

春季新梢芽叶色泽浅绿，1 芽 3 叶长 92.67mm，1 芽 3 叶百芽重 143.3g。芽叶茸毛少，光泽性强，新梢发芽密度稀（图 30.1～图 30.2）。

秋季定型叶叶长 79mm，叶宽 39mm，叶面积 21.67cm^2。叶形椭圆形，叶片厚 0.25mm，叶色浅绿，叶面微隆起，叶片呈稍上斜至上斜状着生，光泽性中，叶片横切面内折，叶缘平直至微波状，叶齿锐度锐、密度密、深度浅，叶尖渐尖至急尖，叶基钝形至近圆形（图 30.3～图 30.5）。

花柱裂位高，柱头 3 裂，花柱长 11mm，花丝长 10mm，雌蕊高于雄蕊，子房有茸毛（图 30.6）。

秋季 1 芽 3 叶干样茶多酚 10.69%，氨基酸 2.19%，咖啡碱 3.17%，水浸出物 42.76%。

图 30.1　春梢　　　　　　　　　　　图 30.2　植株（春）

图 30.3　秋梢

图 30.4　植株（秋）

图 30.5　叶片（秋）

图 30.6　花

类型 12-031

灌木型，树姿半开展，中叶类。

春季新梢芽叶色泽黄绿，1芽3叶长32.00mm，1芽3叶百芽重21.0g。芽叶茸毛少，光泽性中，新梢发芽密度中（图31.1～图31.2）。

秋季定型叶叶长102mm，叶宽46mm，叶面积32.84cm²。叶形椭圆形，叶片厚0.26mm，叶色浅绿，叶面微隆起，叶片呈稍上斜状着生，光泽性中，叶片横切面平，叶缘平直状，叶齿锐度钝、密度中、深度浅，叶尖急尖，叶基钝形（图31.3～图31.5）。

花柱裂位中，柱头3裂，花柱长17mm，花丝长12mm，雌蕊高于雄蕊，子房有茸毛（图31.6）。果实肾形，直径24.00mm，果皮厚0.40mm。种子球形，重2.36g，种径大，种皮棕褐色。结实力中。

秋季1芽3叶干样茶多酚15.05%，氨基酸1.04%，咖啡碱3.52%，水浸出物35.32%。

图31.1　春梢　　　　　　　　　图31.2　植株（春）

图 31.3 秋梢

图 31.4 植株（秋）

图 31.5 叶片（秋）

图 31.6 花

类型 12-032

灌木型，树姿半开展，中叶类。

春季新梢芽叶色泽绿，1 芽 3 叶长 84.50mm，1 芽 3 叶百芽重 84.0g。芽叶茸毛中，光泽性强，新梢发芽密度稀（图 32.1～图 32.2）。

秋季定型叶叶长 111mm，叶宽 45mm，叶面积 34.97cm^2。叶形椭圆形，叶片厚 0.25mm，叶色浅绿，叶面微隆起，叶片呈稍上斜状着生，光泽性中，叶片横切面平，叶缘平直状，叶齿锐度锐、密度密、深度浅，叶尖渐尖至急尖，叶基钝形（图 32.3～图 32.5）。

花柱裂位中，柱头 2 裂，花柱长 11mm，花丝长 9mm，雌蕊高于雄蕊，子房有茸毛（图 32.6）。

秋季 1 芽 3 叶干样茶多酚 10.14%，氨基酸 1.52%，咖啡碱 5.16%，水浸出物 41.01%。

图 32.1　春梢

图 32.2　植株（春）

图 32.3 秋梢

图 32.4 植株（秋）

图 32.5 叶片（秋）

图 32.6 花

类型 13：中叶、椭圆形、叶色绿

类型 13-033

灌木型，树姿半开展，中叶类。

春季新梢芽叶色泽黄绿，1 芽 3 叶长 46.25mm，1 芽 3 叶百芽重 45.0g。芽叶茸毛中，光泽性强，新梢发芽密度密（图 33.1～图 33.2）。

秋季定型叶叶长 80mm，叶宽 37mm，叶面积 20.72cm^2。叶形椭圆形，叶片厚 0.25mm，叶色绿，叶面隆起，叶片呈稍上斜状着生，光泽性中，叶片横切面平，叶缘微波状，叶齿锐度锐、密度密、深度浅，叶尖急尖至钝尖，叶基钝形（图 33.3～图 33.5）。

花柱裂位高，柱头 3 裂，花柱长 11mm，花丝长 10mm，雌蕊高于雄蕊，子房有茸毛（图 33.6）。果实三角形，直径 24.60mm，果皮厚 0.73mm。种子球形，重 1.73g，种径小，种皮褐色。结实力中。

秋季 1 芽 3 叶干样茶多酚 9.37%，氨基酸 1.72%，咖啡碱 3.44%，水浸出物 41.26%。

图 33.1 春梢

图 33.2 植株（春）

图 33.3　秋梢

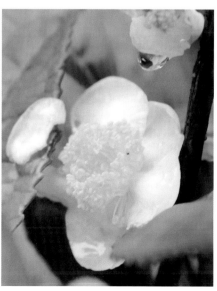

图 33.4　植株（秋）

图 33.5　叶片（秋）

图 33.6　花

类型 13-034

灌木型，树姿半开展，中叶类。

春季新梢芽叶色泽绿，1芽3叶长41.00mm，1芽3叶百芽重54.0g。芽叶茸毛少，光泽性中，新梢发芽密度稀（图34.1～图34.2）。

秋季定型叶叶长96mm，叶宽46mm，叶面积30.91cm^2，叶形椭圆形，叶片厚0.31mm。叶色绿，叶面隆起，叶片呈水平状着生，光泽性中，叶片横切面平，叶缘微波状，叶齿锐度锐、密度密、深度中，叶尖急尖至钝尖，叶基楔形（图34.3～图34.5）。

花柱裂位高，柱头3裂，花柱长12mm，花丝长11mm，雌蕊高于雄蕊，子房有茸毛（图34.6）。

秋季1芽3叶干样茶多酚11.24%，氨基酸2.34%，咖啡碱3.90%，水浸出物48.38%。

图34.1 春梢

图34.2 植株（春）

图 34.3　秋梢

图 34.4　植株（秋）

图 34.5　叶片（秋）

图 34.6　花

类型 13-035

灌木型，树姿半开展，中叶类。

春季新梢芽叶色泽黄绿，1 芽 3 叶长 23.33mm，1 芽 3 叶百芽重 19.3g。芽叶茸毛中，光泽性中，新梢发芽密度中（图 35.1～图 35.2）。

秋季定型叶叶长 95mm，叶宽 42mm，叶面积 27.93cm²。叶形椭圆形，叶片厚 0.22mm，叶色绿，叶面隆起，叶片呈水平至稍上斜状着生，光泽性中，叶片横切面平，叶缘平直状，叶齿锐度锐、密度密、深度中，叶尖渐尖至急尖，叶基楔形至钝形（图 35.3～图 35.5）。

花柱裂位高，柱头 3 裂，花柱长 15mm，花丝长 11mm，雌蕊高于雄蕊，子房有茸毛（图 35.6）。果实肾形，直径 18.00mm，果皮厚 0.40mm。种子球形，重 1.59g，种径中，种皮褐色。结实力中。

秋季 1 芽 3 叶干样茶多酚 16.31%，氨基酸 1.46%，咖啡碱 3.84%，水浸出物 34.30%。

图 35.1　春梢

图 35.2　植株（春）

图 35.3　秋梢

图 35.4　植株（秋）

图 35.5　叶片（秋）

图 35.6　花

类型 13-036

灌木型，树姿半开展，中叶类。

春季新梢芽叶色泽黄绿，1 芽 3 叶长 32.50mm，1 芽 3 叶百芽重 42.5g。芽叶茸毛少，光泽性中，新梢发芽密度稀（图 36.1～图 36.2）。

秋季定型叶叶长 115mm，叶宽 49mm，叶面积 39.45cm^2。叶形椭圆形，叶片厚 0.28mm，叶色绿，叶面隆起，叶片呈稍上斜状着生，光泽性强，叶片横切面平至内折，叶缘平直状，叶齿锐度锐、密度密、深度浅，叶尖急尖，叶基钝形（图 36.3～图 36.5）。

花柱裂位高，柱头 3 裂，花柱长 14mm，花丝长 14mm，雌雄蕊等高，子房有茸毛（图 36.6）。果实三角形，直径 24.55mm，果皮厚 1.05mm。种子球形，重 1.08g，种径小，种皮褐色。结实力弱。

秋季 1 芽 3 叶干样茶多酚 13.64%，氨基酸 1.02%，咖啡碱 4.43%，水浸出物 42.35%。

图 36.1　春梢　　　　　　　　图 36.2　植株（春）

图 36.3 秋梢

图 36.4 植株（秋）

图 36.5 叶片（秋）

图 36.6 花

类型 13-037

灌木型，树姿半开展，中叶类。

春季新梢芽叶色泽黄绿，1 芽 3 叶长 58.00mm，1 芽 3 叶百芽重 75.0g。芽叶茸毛中，光泽性强，新梢发芽密度中（图 37.1～图 37.2）。

秋季定型叶叶长 90mm，叶宽 41mm，叶面积 25.83cm^2。叶形椭圆形，叶片厚 0.28mm，叶色绿，叶面平，叶片呈上斜状着生，光泽性中，叶片横切面内折，叶缘波状，叶齿锐度锐、密度密、深度浅，叶尖钝尖，叶基钝形（图 37.3～图 37.5）。

花柱裂位高，柱头 3 裂，花柱长 11mm，花丝长 11mm，雌雄蕊等高，子房有茸毛（图 37.6）。

秋季 1 芽 3 叶干样茶多酚 23.50%，氨基酸 1.55%，咖啡碱 5.06%，水浸出物 42.27%。

图 37.1　春梢

图 37.2　植株（春）

图 37.3　秋梢

图 37.4　植株（秋）

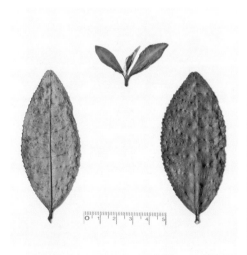

图 37.5　叶片（秋）

图 37.6　花

类型 13-038

灌木型，树姿半开展，中叶类。

春季新梢芽叶色泽黄绿，1 芽 3 叶长 77.32mm，1 芽 3 叶百芽重 28.3g。芽叶茸毛少，光泽性中，新梢发芽密度稀（图 38.1～图 38.2）。

秋季定型叶叶长 102mm，叶宽 44mm，叶面积 31.42cm²。叶形椭圆形，叶片厚 0.27mm，叶色绿，叶面平，叶片呈水平状着生，光泽性中，叶片横切面平，叶缘平直状，叶齿锐度钝、密度中、深度中，叶尖急尖，叶基钝形（图 38.3～图 38.5）。

花柱裂位高，柱头 3 裂，花柱长 13mm，花丝长 9mm，雌蕊高于雄蕊，子房有茸毛（图 38.6）。果实三角形，直径 24.30mm，果皮厚 0.67mm。种子球形，重 1.43g，种径中，种皮褐色。结实力中。

秋季 1 芽 3 叶干样茶多酚 8.22%，氨基酸 1.53%，咖啡碱 4.09%，水浸出物 43.19%。

图 38.1　春梢

图 38.2　植株（春）

图 38.3　秋梢

图 38.4　植株（秋）

图 38.5　叶片（秋）

图 38.6　花

类型 13-039

灌木型，树姿半开展，中叶类。

春季新梢芽叶色泽浅绿，1 芽 3 叶长 27.00mm，1 芽 3 叶百芽重 29.1g。芽叶茸毛中，光泽性中，新梢发芽密度稀（图 39.1～图 39.2）。

秋季定型叶叶长 112mm，叶宽 48mm，叶面积 37.63cm^2。叶形椭圆形，叶片厚 0.29mm，叶色绿，叶面微隆起，叶片呈水平至稍上斜状着生，光泽性中，叶片横切面平，叶缘平直状，叶齿锐度锐、密度密、深度浅，叶尖急尖，叶基钝形（图 39.3～图 39.5）。

花柱裂位中，柱头 3 裂，花柱长 12mm，花丝长 11mm，雌蕊高于雄蕊，子房有茸毛（图 39.6）。

秋季 1 芽 3 叶干样茶多酚 14.66%，氨基酸 1.64%，咖啡碱 3.74%，水浸出物 39.21%。

图 39.1　春梢

图 39.2　植株（春）

图 39.3　秋梢

图 39.4　植株（秋）

图 39.5　叶片（秋）

图 39.6　花

类型 13-040

灌木型，树姿半开展，中叶类。

春季新梢芽叶色泽黄绿，1 芽 3 叶长 25.00mm，1 芽 3 叶百芽重 21.0g。芽叶茸毛中，光泽性中，新梢发芽密度中（图 40.1～图 40.2）。

秋季定型叶叶长 89mm，叶宽 42mm，叶面积 26.17cm²。叶形椭圆形，叶片厚 0.3mm，叶色绿，叶面微隆起，叶片呈水平状着生，光泽性中，叶片横切面平至内折，叶缘平直状，叶齿锐度中、密度中、深度浅，叶尖急尖至钝尖，叶基钝形（图 40.3～图 40.5）。

花柱裂位中，柱头 3 裂，花柱长 12mm，花丝长 11mm，雌蕊高于雄蕊，子房有茸毛（图 40.6）。果实三角形，直径 25.56mm，果皮厚 0.92mm。种子球形，重 0.84g，种径小，种皮棕色。结实力强。

秋季 1 芽 3 叶干样茶多酚 14.25%，氨基酸 1.24%，咖啡碱 3.61%，水浸出物 44.78%。

图 40.1 春梢

图 40.2 植株（春）

图 40.3 秋梢

图 40.4 植株（秋）

图 40.5 叶片（秋）

图 40.6 花

类型 13-041

灌木型，树姿半开展，中叶类。

春季新梢芽叶色泽绿，1 芽 3 叶长 93.00mm，1 芽 3 叶百芽重 132.3g。芽叶茸毛中，光泽性强，新梢发芽密度中（图 41.1～图 41.2）。

秋季定型叶叶长 96mm，叶宽 42mm，叶面积 28.22cm²。叶形椭圆形，叶片厚 0.35mm，叶色绿，叶面微隆起，叶片呈水平状着生，光泽性中，叶片横切面平，叶缘平直状，叶齿锐度中、密度中、深度浅，叶尖急尖，叶基钝形（图 41.3～图 41.5）。

花柱裂位高，柱头 3 裂，花柱长 14mm，花丝长 13mm，雌蕊高于雄蕊，子房有茸毛（图 41.6）。果实三角形，直径 24.52mm，果皮厚 0.61mm。种子球形，重 1.25g，种径中，种皮褐色。结实力强。

秋季 1 芽 3 叶干样茶多酚 13.22%，氨基酸 1.84%，咖啡碱 3.72%，水浸出物 40.37%。

图 41.1　春梢

图 41.2　植株（春）

图 41.3　秋梢

图 41.4　植株（秋）

图 41.5　叶片（秋）

图 41.6　花

类型 14：中叶、椭圆形、叶色黄绿

类型 14-042

灌木型，树姿半开展，中叶类。

春季新梢芽叶色泽黄绿，1 芽 3 叶长 26.75mm，1 芽 3 叶百芽重 28.0g。芽叶茸毛少，光泽性中，新梢发芽密度中（图 42.1～图 42.2）。

秋季定型叶叶长 109mm，叶宽 44mm，叶面积 33.57cm^2。叶形椭圆形，叶片厚 0.25mm，叶色黄绿，叶面隆起，叶片呈水平状着生，光泽性强，叶片横切面稍背卷，叶缘平直状，叶齿锐度锐、密度密、深度中，叶尖急尖，叶基钝形（图 42.3～图 42.5）。

花柱裂位中，柱头 3 裂，花柱长 13mm，花丝长 10mm，雌蕊高于雄蕊，子房无茸毛（图 42.6）。果实球形，直径 12.28mm，果皮厚 0.94mm。种子球形，重 0.82g，种径小，种皮褐色。结实力弱。

秋季 1 芽 3 叶干样茶多酚 10.96%，氨基酸 1.72%，咖啡碱 4.15%，水浸出物 41.81%。

图 42.1　春梢

图 42.2　植株（春）

图 42.3 秋梢

图 42.4 植株（秋）

图 42.5 叶片（秋）

图 42.6 花

类型 14-043

灌木型，树姿半开展，中叶类。

春季新梢芽叶色泽浅绿，1 芽 3 叶长 51.50mm，1 芽 3 叶百芽重 51.3g。芽叶茸毛中，光泽性中，新梢发芽密度中（图 43.1～图 43.2）。

秋季定型叶叶长 90mm，叶宽 38mm，叶面积 23.94cm^2。叶形椭圆形，叶片厚 0.30mm，叶色黄绿，叶面隆起，叶片呈水平状着生，光泽性中，叶片横切面平，叶缘平直状，叶齿锐度中、密度中、深度浅，叶尖渐尖，叶基钝形（图 43.3～图 43.5）。

花柱裂位高，柱头 3 裂，花柱长 13mm，花丝长 15mm，雌蕊低于雄蕊，子房有茸毛（图 43.6）。

秋季 1 芽 3 叶干样茶多酚 17.85%，氨基酸 0.98%，咖啡碱 3.87%，水浸出物 39.04%。

图 43.1　春梢

图 43.2　植株（春）

图 43.3 秋梢

图 43.4 植株（秋）

图 43.5 叶片（秋）

图 43.6 花

类型 14-044

灌木型，树姿半开展，中叶类。

春季新梢芽叶色泽黄绿，1芽3叶长24.75mm，1芽3叶百芽重21.8g。芽叶茸毛多，光泽性中，新梢发芽密度密（图44.1～图44.2）。

秋季定型叶叶长80mm，叶宽38mm，叶面积21.28cm²。叶形椭圆形，叶片厚0.26mm，叶色黄绿，叶面微隆起，叶片呈水平至稍上斜状着生，光泽性强，叶片横切面稍背卷，叶缘平直状，叶齿锐度钝、密度中、深度浅，叶尖渐尖，叶基钝形（图44.3～图44.5）。

花柱裂位高，柱头3裂，花柱长15mm，花丝长13mm，雌蕊高于雄蕊，子房有茸毛（图44.6）。果实三角形，直径23.61mm，果皮厚0.99mm。种子球形，重0.48g，种径中，种皮褐色。结实力弱。

秋季1芽3叶干样茶多酚11.32%，氨基酸2.24%，咖啡碱3.44%，水浸出物45.16%。

图 44.1 春梢

图 44.2 植株（春）

图 44.3　秋梢

图 44.4　植株（秋）

图 44.5　叶片（秋）

图 44.6　花

类型 14-045

灌木型，树姿半开展，中叶类。

春季新梢芽叶色泽紫绿，1 芽 3 叶长 43.75mm，1 芽 3 叶重 52.0g。芽叶茸毛中，光泽性中，新梢发芽密度稀（图 45.1～图 45.2）。

秋季定型叶叶长 85mm，叶宽 42mm，叶面积 26.18cm²。叶形椭圆形，叶片厚 0.32mm，叶色黄绿，叶面微隆起，叶片呈稍上斜状着生，光泽性中，叶片横切面平，叶缘平直状，叶齿锐度锐、密度密、深度中，叶尖急尖，叶基钝形至近圆形（图 45.3～图 45.5）。

花柱裂位低，柱头 3 裂，花柱长 11mm，花丝长 7mm，雌蕊高于雄蕊，子房有茸毛（图 45.6）。果实球形，直径 14.36mm，果皮厚 0.53mm。种子球形，重 0.76g，种径小，种皮棕色。结实力弱。

秋季 1 芽 3 叶干样茶多酚 16.27%，氨基酸 1.59%，咖啡碱 4.87%，水浸出物 48.96%。

图 45.1　春梢

图 45.2　植株（春）

图 45.3　秋梢

图 45.4　植株（秋）

图 45.5　叶片（秋）

图 45.6　花

类型 14-046

灌木型，树姿半开展，中叶类。

春季新梢芽叶色泽浅绿，1 芽 3 叶长 57.50mm，1 芽 3 叶百芽重 59.0g。芽叶茸毛中，光泽性强，新梢发芽密度中（图 46.1～图 46.2）。

秋季定型叶叶长 110mm，叶宽 44mm，叶面积 33.88cm²。叶形椭圆形，叶片厚 0.33mm，叶色黄绿，叶面微隆起，叶片呈稍上斜状着生，光泽性中，叶片横切面平，叶缘平直至微波状，叶齿锐度中、密度密、深度浅，叶尖渐尖，叶基钝形（图 46.3～图 46.5）。

花柱裂位高，柱头 3 裂，花柱长 14mm，花丝长 14mm，雌雄蕊等高，子房有茸毛（图 46.6）。果实三角形，直径 25.70mm，果皮厚 0.95mm。种子球形，重 1.90g，种径中，种皮褐色。结实力弱。

秋季 1 芽 3 叶干样茶多酚 14.31%，氨基酸 1.01%，咖啡碱 5.04%，水浸出物 40.20%。

图 46.1　春梢

图 46.2　植株（春）

图 46.3 秋梢

图 46.4 植株（秋）

图 46.5 叶片（秋）

图 46.6 花

类型 14-047

灌木型，树姿半开展，中叶类。

春季新梢芽叶色泽浅绿，1 芽 3 叶长 48.00mm，1 芽 3 叶百芽重 32.2g。芽叶茸毛中，光泽性强，新梢发芽密度中（图 47.1～图 47.2）。

秋季定型叶叶长 95mm，叶宽 46mm，叶面积 30.59cm^2。叶形椭圆形，叶片厚 0.22mm，叶色黄绿，叶面微隆起，叶片呈稍上斜状着生，光泽性中，叶片横切面平，叶缘微波状，叶齿锐度中、密度密、深度中，叶尖渐尖至急尖，叶基钝形（图 47.3～图 47.5）。

花柱裂位高，柱头 3 裂，花柱长 13mm，花丝长 11mm，雌蕊高于雄蕊，子房有茸毛（图 47.6）。果实球形，直径 19.93mm，果皮厚 0.50mm。种子球形，重 1.14g，种径中，种皮棕色。结实力弱。

秋季 1 芽 3 叶干样茶多酚 16.52%，氨基酸 1.21%，咖啡碱 4.56%，水浸出物 46.71%。

图 47.1　春梢

图 47.2　植株（春）

图 47.3　秋梢

图 47.4　植株（秋）

图 47.5　叶片（秋）

图 47.6　花

类型 14-048

灌木型，树姿半开展，中叶类。

春季新梢芽叶色泽浅绿，1 芽 3 叶长 48.25mm，1 芽 3 叶百芽重 45.0g。芽叶茸毛中，光泽性中，新梢发芽密度中（图 48.1～图 48.2）。

秋季定型叶叶长 96mm，叶宽 47mm，叶面积 31.58cm^2。叶形椭圆形，叶片厚 0.33mm，叶色黄绿，叶面微隆起，叶片呈水平至稍上斜状着生，光泽性中，叶片横切面平，叶缘微波状，叶齿锐度中、密度稀、深度浅，叶尖急尖至钝尖，叶基钝形（图 48.3～图 48.5）。

花柱裂位中，柱头 3 裂，花柱长 11mm，花丝长 8mm，雌蕊高于雄蕊，子房有茸毛（图 48.6）。

秋季 1 芽 3 叶干样茶多酚 14.63%，氨基酸 1.21%，咖啡碱 5.40%，水浸出物 39.60%。

图 48.1　春梢

图 48.2　植株（春）

图 48.3　秋梢

图 48.4　植株（秋）

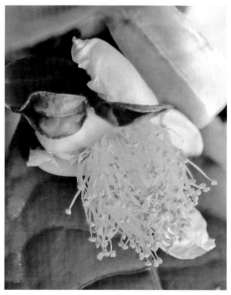

图 48.5　叶片（秋）

图 48.6　花

类型 15：中叶、披针形、叶色深绿

类型 15-049

灌木型，树姿半开展，中叶类。

春季新梢芽叶色泽黄绿，1 芽 3 叶长 23.00mm，1 芽 3 叶百芽重 46.3g。芽叶茸毛中，光泽性中，新梢发芽密度中（图 49.1～图 49.2）。

秋季定型叶叶长 106mm，叶宽 33mm，叶面积 24.49cm²。叶形披针形，叶片厚 0.31mm，叶色深绿，叶面微隆起，叶片呈下垂状着生，光泽性中，叶片横切面内折，叶缘平直状，叶齿锐度中、密度稀、深度浅，叶尖渐尖，叶基楔形（图 49.3～图 49.5）。

花柱裂位高，柱头 3 裂，花柱长 10mm，花丝长 10mm，雌雄蕊等高，子房有茸毛（图 49.6）。

秋季 1 芽 3 叶干样茶多酚 9.27%，氨基酸 1.13%，咖啡碱 5.67%，水浸出物 41.45%。

图 49.1　春梢

图 49.2　植株（春）

图 49.3　秋梢

图 49.4　植株（秋）

图 49.5　叶片（秋）

图 49.6　花

类型 16：中叶、披针形、叶色浅绿

类型 16-050

灌木型，树姿半开展，中叶类。

春季新梢芽叶色泽绿，1 芽 3 叶长 51.00mm，1 芽 3 叶百芽重 81.0g。芽叶茸毛少，光泽性强，新梢发芽密度中（图 50.1～图 50.2）。

秋季定型叶叶长 123mm，叶宽 32mm，叶面积 27.55cm^2。叶形披针形，叶片厚 0.23mm，叶色浅绿，叶面微隆起，叶片呈水平至稍上斜状着生，光泽性中，叶片横切面平，叶缘平直状，叶齿锐度锐、密度密、深度中，叶尖渐尖，叶基楔形（图 50.3～图 50.5）。

花柱裂位高，柱头 3 裂，花柱长 11mm，花丝长 8mm，雌蕊高于雄蕊，子房有茸毛（图 50.6）。果实三角形，直径 24.97mm，果皮厚 0.75mm。种子球形，重 1.63g，种径大，种皮棕色。结实力弱。

秋季 1 芽 3 叶干样茶多酚 9.39%，氨基酸 1.29%，咖啡碱 4.50%，水浸出物 44.44%。

图 50.1　春梢

图 50.2　植株（春）

图 50.3　秋梢

图 50.4　植株（秋）

图 50.5　叶片（秋）

图 50.6　花

类型 17：中叶、披针形、叶色黄绿

类型 17-051

灌木型，树姿半开展，中叶类。

春季新梢芽叶色泽黄绿，1 芽 3 叶长 32.50mm，1 芽 3 叶百芽重 34.0g。芽叶茸毛中，光泽性中，新梢发芽密度中（图 51.1～图 51.2）。

秋季定型叶叶长 96mm，叶宽 30mm，叶面积 20.16cm²。叶形披针形，叶片厚 0.20mm，叶色黄绿，叶面平，叶片呈上斜状着生，光泽性中，叶片横切面内折，叶缘微波状，叶齿锐度锐、密度密、深度浅，叶尖渐尖，叶基楔形至钝形（图 51.3～图 51.5）。

花柱裂位高，柱头 3 裂，花柱长 15mm，花丝长 13mm，雌蕊高于雄蕊，子房有茸毛（图 51.6）。

秋季 1 芽 3 叶干样茶多酚 16.58%，氨基酸 1.18%，咖啡碱 4.68%，水浸出物 40.18%。

图 51.1　春梢　　　　　　　　图 51.2　植株（春）

图 51.3 秋梢

图 51.4 植株（秋）

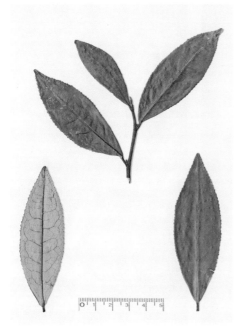

图 51.5 叶片（秋）

图 51.6 花

类型 17-052

灌木型，树姿半开展，中叶类。

春季新梢芽叶色泽绿，1芽3叶长77.50mm，1芽3叶百芽重76.3g。芽叶茸毛多，光泽性中，新梢发芽密度稀（图52.1～图52.2）。

秋季定型叶叶长120mm，叶宽39mm，叶面积32.76cm^2。叶形披针形，叶片厚0.18mm，叶色黄绿，叶面微隆起，叶片呈水平状着生，光泽性中，叶片横切面平，叶缘平直状，叶齿锐度锐、密度密、深度中，叶尖渐尖，叶基楔形至钝形（图52.3～图52.5）。

花柱裂位中，柱头3裂，花柱长14mm，花丝长11mm，雌蕊高于雄蕊，子房有茸毛（图52.6）。

秋季1芽3叶干样茶多酚10.18%，氨基酸0.94%，咖啡碱4.35%，水浸出物32.94%。

图52.1　春梢

图52.2　植株（春）

图 52.3　秋梢

图 52.4　植株（秋）

图 52.5　叶片（秋）

图 52.6　花

类型 18：中叶、近圆形、叶色深绿

类型 18-053

灌木型，树姿半开展，中叶类。

春季新梢芽叶色泽浅绿，1 芽 3 叶长 52.67mm，1 芽 3 叶百芽重 100.3g。芽叶茸毛少，光泽性中，新梢发芽密度稀（图 53.1～图 53.2）。

秋季定型叶叶长 85mm，叶宽 45mm，叶面积 26.78cm^2。叶形近圆形，叶片厚 0.28mm，叶色深绿，叶面隆起，叶片呈水平至稍上斜状着生，光泽性强，叶片横切面平，叶缘平直状，叶齿锐度中、密度密、深度浅，叶尖钝尖，叶基钝形（图 53.3～图 53.5）。

花柱裂位高，柱头 3 裂，花柱长 13mm，花丝长 15mm，雌蕊高于雄蕊，子房有茸毛（图 53.6）。

秋季 1 芽 3 叶干样茶多酚 13.26%，氨基酸 1.57%，咖啡碱 3.96%，水浸出物 36.15%。

图 53.1　春梢

图 53.2　植株（春）

图 53.3　秋梢

图 53.4　植株（秋）

图 53.5　叶片（秋）

图 53.6　花

类型 19：中叶、近圆形、叶色绿

类型 19-054

灌木型，树姿半开展，中叶类。

春季新梢芽叶色泽绿，1 芽 3 叶长 75.00mm，1 芽 3 叶百芽重 72.0g。芽叶茸毛中，光泽性强，新梢发芽密度稀（图 54.1～图 54.2）。

秋季定型叶叶长 74mm，叶宽 40mm，叶面积 20.72cm²。叶形近圆形，叶片厚 0.27mm，叶色绿，叶面微隆起，叶片呈稍上斜状着生，光泽性强，叶片横切面内折，叶缘平直状，叶齿锐度锐、密度中、深度浅，叶尖急尖，叶基楔形（图 54.3～图 54.5）。

花柱裂位高，柱头 3 裂，花柱长 13mm，花丝长 11mm，雌蕊高于雄蕊，子房有茸毛（图 54.6）。果实三角形，直径 24.76mm，果皮厚 0.47mm。种子球形，重 1.25g，种径大，种皮棕色。结实力强。

秋季 1 芽 3 叶干样茶多酚 12.55%，氨基酸 1.52%，咖啡碱 4.42%，水浸出物 42.32%。

图 54.1　春梢

图 54.2　植株（春）

图 54.3 秋梢

图 54.4 植株（秋）

图 54.5 叶片（秋）

图 54.6 花

类型 19-055

灌木型，树姿半开展，中叶类。

春季新梢芽叶色泽黄绿，1 芽 3 叶长 53.00mm，1 芽 3 叶百芽重 53.3g。芽叶茸毛少，光泽性强，新梢发芽密度中（图 55.1～图 55.2）。

秋季定型叶叶长 75mm，叶宽 43mm，叶面积 22.58cm²。叶形近圆形，叶片厚 0.27mm，叶色绿，叶面微隆起，叶片呈稍上斜状着生，光泽性中，叶片横切面内折，叶缘微波状，叶齿锐度钝、密度密、深度浅，叶尖急尖至钝尖，叶基钝形至近圆形（图 55.3～图 55.5）。

花柱裂位高，柱头 3 裂，花柱长 10mm，花丝长 9mm，雌蕊高于雄蕊，子房有茸毛（图 55.6）。果实肾形，直径 19.03mm，果皮厚 0.82mm。种子球形，重 0.85g，种径中，种皮棕色。结实力强。

秋季 1 芽 3 叶干样茶多酚 15.59%，氨基酸 1.92%，咖啡碱 3.53%，水浸出物 41.79%。

图 55.1 春梢

图 55.2 植株（春）

图 55.3 秋梢

图 55.4 植株（秋）

图 55.5 叶片（秋）

图 55.6 花

类型 20：中叶、近圆形、叶色黄绿

类型 20-056

灌木型，树姿半开展，中叶类。

春季新梢芽叶色泽浅绿，1 芽 3 叶长 59.00mm，1 芽 3 叶百芽重 86.0g。芽叶茸毛少，光泽性中，新梢发芽密度稀（图 56.1～图 56.2）。

秋季定型叶叶长 76mm，叶宽 40mm，叶面积 21.28cm^2。叶形近圆形，叶片厚 0.32mm，叶色黄绿，叶面平，叶片呈稍上斜状着生，光泽性中，叶片横切面内折，叶缘平直状，叶齿锐度锐、密度密、深度浅，叶尖钝尖，叶基钝形至近圆形（图 56.3～图 56.5）。

花柱裂位低，柱头 3 裂，花柱长 11mm，花丝长 10mm，雌蕊高于雄蕊，子房有茸毛（图 56.6）。

秋季 1 芽 3 叶干样茶多酚 16.99%，氨基酸 1.05%，咖啡碱 2.10%，水浸出物 49.06%。

图 56.1 春梢

图 56.2 植株（春）

图 56.3 秋梢

图 56.4 植株（秋）

图 56.5 叶片（秋）

图 56.6 花

类型 20-057

灌木型，树姿半开展，中叶类。

春季新梢芽叶色泽黄绿，1 芽 3 叶长 53.75mm，1 芽 3 叶百芽重 52.8g。芽叶茸毛少，光泽性强，新梢发芽密度密（图 57.1～图 57.2）。

秋季定型叶叶长 83mm，叶宽 46mm，叶面积 26.73cm^2。叶形近圆形，叶片厚 0.32mm，叶色黄绿，叶面微隆起，叶片呈稍上斜状着生，光泽性强，叶片横切面内折，叶缘平直状，叶齿锐度钝、密度稀、深度浅，叶尖钝尖，叶基钝形至近圆形（图 57.3～图 57.5）。

秋季 1 芽 3 叶干样茶多酚 17.42%，氨基酸 1.44%，咖啡碱 3.54%，水浸出物 35.49%。

图 57.1　春梢　　　　　　　　　　　　　图 57.2　植株（春）

图 57.3　秋梢

图 57.5　叶片（秋）

图 57.4　植株（秋）

类型 20-058

灌木型，树姿半开展，中叶类。

春季新梢芽叶色泽黄绿，1芽3叶长62.50mm，1芽3叶百芽重72.5g。芽叶茸毛少，光泽性中，新梢发芽密度稀（图58.1～图58.2）。

秋季定型叶叶长80mm，叶宽45mm，叶面积25.2cm²。叶形近圆形，叶片厚0.29mm，叶色黄绿，叶面微隆起，叶片呈稍上斜状着生，光泽性中，叶片横切面平，叶缘平直状，叶齿锐度锐、密度密、深度浅，叶尖急尖，叶基钝形（图58.3～图58.5）。

秋季1芽3叶干样茶多酚14.26%，氨基酸1.50%，咖啡碱3.20%，水浸出物46.51%。

图58.1　春梢

图58.2　植株（春）

图 58.3　秋梢

图 58.5　叶片（秋）

图 58.4　植株（秋）

类型 21：小叶、长椭圆形、叶色深绿

类型 21-059

灌木型，树姿半开展，小叶类。

春季新梢芽叶色泽浅绿，1 芽 3 叶长 40.00mm，1 芽 3 叶百芽重 42.5g。芽叶茸毛中，光泽性中，新梢发芽密度密（图 59.1～图 59.2）。

秋季定型叶叶长 67mm，叶宽 26mm，叶面积 12.19cm^2。叶形长椭圆形，叶片厚 0.31mm，叶色深绿，叶面平，叶片呈水平至稍上斜状着生，光泽性暗，叶片横切面内折，叶缘平直状，叶齿锐度中、密度密、深度浅，叶尖渐尖至急尖，叶基钝形（图 59.3～图 59.5）。

花柱裂位高，柱头 3 裂，花柱长 14mm，花丝长 14mm，雌雄蕊等高，子房有茸毛（图 59.6）。

秋季 1 芽 3 叶干样茶多酚 12.11%，氨基酸 1.66%，咖啡碱 3.02%，水浸出物 40.81%。

图 59.1　春梢

图 59.2　植株（春）

图 59.3 秋梢

图 59.4 植株（秋）

图 59.5 叶片（秋）

图 59.6 花

类型 22：小叶、长椭圆形、叶色浅绿

灌木型，树姿半开展，小叶类。

春季新梢芽叶色泽黄绿，1 芽 3 叶长 25.00mm，1 芽 3 叶百芽重 25.8g。芽叶茸毛中，光泽性强，新梢发芽密度中（图 60.1～图 60.2）。

秋季定型叶叶长 76mm，叶宽 30mm，叶面积 15.96cm^2。叶形长椭圆形，叶片厚 0.25mm，叶色浅绿，叶面平，叶片呈稍上斜状着生，光泽性中，叶片横切面内折，叶缘平直至微波状，叶齿锐度钝、密度密、深度浅，叶尖渐尖，叶基楔形至钝形（图 60.3～图 60.5）。

花柱裂位高，柱头 3 裂，花柱长 12mm，花丝长 10mm，雌蕊低于雄蕊，子房无茸毛（图 60.6）。果实三角形，直径 19.68mm，果皮厚 0.55mm。种子球形，重 0.73g，种径小，种皮棕色。结实力弱。

秋季 1 芽 3 叶干样茶多酚 15.67%，氨基酸 1.30%，咖啡碱 3.81%，水浸出物 36.71%。

图 60.1　春梢

图 60.2　植株（春）

图 60.3　秋梢

图 60.4　植株（秋）

图 60.5　叶片（秋）

图 60.6　花

类型 22-061

灌木型，树姿半开展，小叶类。

春季新梢芽叶色泽黄绿，1 芽 3 叶长 56.25mm，1 芽 3 叶百芽重 69.5g。芽叶茸毛中，光泽性中，新梢发芽密度密（图 61.1～图 61.2）。

秋季定型叶叶长 90mm，叶宽 31mm，叶面积 19.53cm²。叶形长椭圆形，叶片厚 0.29mm，叶色浅绿，叶面平至微隆起，叶片呈上斜状着生，光泽性中，叶片横切面内折，叶缘平直状，叶齿锐度钝、密度中、深度浅，叶尖渐尖，叶基楔形至钝形（图 61.3～图 61.5）。

花柱裂位高，柱头 3 裂，花柱长 13mm，花丝长 10mm，雌蕊高于雄蕊，子房有茸毛（图 61.6）。

秋季 1 芽 3 叶干样茶多酚 16.04%，氨基酸 1.23%，咖啡碱 3.20%，水浸出物 38.72%。

图 61.1 春梢

图 61.2 植株（春）

图 61.3 秋梢

图 61.4 植株（秋）

图 61.5 叶片（秋）

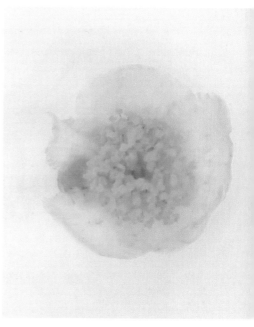

图 61.6 花

类型 23：小叶、长椭圆形、叶色绿

类型 23-062

灌木型，树姿半开展，小叶类。

春季新梢芽叶色泽浅绿，1 芽 3 叶长 78.25mm，1 芽 3 叶百芽重 117.8g。芽叶茸毛少，光泽性中，新梢发芽密度中（图 62.1～图 62.2）。

秋季定型叶叶长 70mm，叶宽 25mm，叶面积 12.25cm²。叶形长椭圆形，叶片厚 0.22mm，叶色绿，叶面平，叶片呈上斜状着生，光泽性中，叶片横切面内折，叶缘平直状，叶齿锐度中、密度中、深度浅，叶尖渐尖，叶基楔形至钝形（图 62.3～图 62.5）。

花柱裂位高，柱头 3 裂，花柱长 13mm，花丝长 10mm，雌蕊高于雄蕊，子房有茸毛（图 62.6）。果实三角形，直径 22.47mm，果皮厚 0.47mm。种子球形，重 0.54g，种径小，种皮棕色。结实力强。

秋季 1 芽 3 叶干样茶多酚 21.78%，氨基酸 0.87%，咖啡碱 4.54%，水浸出物 42.60%。

图 62.1　春梢

图 62.2　植株（春）

图 62.3 秋梢

图 62.4 植株（秋）

图 62.5 叶片（秋）

图 62.6 花

类型 23-063

灌木型，树姿半开展，小叶类。

春季新梢芽叶色泽黄绿，1 芽 3 叶长 32.00mm，1 芽 3 叶百芽重 21.3g。芽叶茸毛少，光泽性中，新梢发芽密度中（图 63.1～图 63.2）。

秋季定型叶叶长 60mm，叶宽 22mm，叶面积 9.24cm^2。叶形长椭圆形，叶片厚 0.31mm，叶色绿，叶面平，叶片呈稍上斜状着生，光泽性中，叶片横切面内折，叶缘平直状，叶齿锐度钝、密度密、深度浅，叶尖渐尖，叶基钝形（图 63.3～图 63.5）。

花柱裂位高，柱头 3 裂，花柱长 18mm，花丝长 13mm，雌蕊高于雄蕊，子房有茸毛（图 63.6）。果实三角形，直径 25.24mm，果皮厚 0.81mm。种子球形，重 0.95g，种径小，种皮棕色。结实力弱。

秋季 1 芽 3 叶干样茶多酚 12.18%，氨基酸 1.44%，咖啡碱 2.97%，水浸出物 39.12%。

图 63.1　春梢

图 63.2　植株（春）

图 63.3　秋梢

图 63.4　植株（秋）

图 63.5　叶片（秋）

图 63.6　花

类型 23-064

灌木型，树姿半开展，小叶类。

春季新梢芽叶色泽绿，1 芽 3 叶长 63.00mm，1 芽 3 叶百芽重 43.3g。芽叶茸毛少，光泽性中，新梢发芽密度中（图 64.1～图 64.2）。

秋季定型叶叶长 61mm，叶宽 22mm，叶面积 9.39cm²。叶形长椭圆形，叶片厚 0.27mm，叶色绿，叶面平，叶片呈水平至稍上斜状着生，光泽性中，叶片横切面平至内折，叶缘平直状，叶齿锐度锐、密度中、深度浅，叶尖急尖，叶基楔形至钝形（图 64.3～图 64.5）。

花柱裂位高，柱头 3 裂，花柱长 10mm，花丝长 6mm，雌蕊高于雄蕊，子房有茸毛（图 64.6）。果皮厚 0.72mm。种子球形，重 1.16g，种径中，种皮棕色。

秋季 1 芽 3 叶干样茶多酚 13.11%，氨基酸 0.89%，咖啡碱 3.17%，水浸出物 36.90%。

图 64.1　春梢

图 64.2　植株（春）

图 64.3 秋梢　　　　　　　　　　图 64.4 植株（秋）

图 64.5 叶片（秋）

图 64.6 花

类型 24：小叶、长椭圆形、叶色黄绿

类型 24-065

灌木型，树姿半开展，小叶类。

春季新梢芽叶色泽浅绿，1 芽 3 叶长 88.67mm，1 芽 3 叶百芽重 59.0g。芽叶茸毛少，光泽性中，新梢发芽密度密（图 65.1～图 65.2）。

秋季定型叶叶长 68mm，叶宽 23mm，叶面积 10.95cm^2。叶形长椭圆形，叶片厚 0.26mm，叶色黄绿，叶面平，叶片呈稍上斜状着生，光泽性中，叶片横切面内折，叶缘平直状，叶齿锐度锐、密度密、深度中，叶尖渐尖，叶基楔形（图 65.3～图 65.5）。

花柱裂位高，柱头 3 裂，花柱长 15mm，花丝长 12mm，雌蕊高于雄蕊，子房有茸毛（图 65.6）。果实三角形，直径 21.97mm，果皮厚 0.76mm。种子球形，重 1.23g，种径中，种皮棕色。结实力弱。

秋季 1 芽 3 叶干样茶多酚 14.12%，氨基酸 1.57%，咖啡碱 3.84%，水浸出物 41.55%。

图 65.1　春梢

图 65.2　植株（春）

图 65.3　秋梢

图 65.4　植株（秋）

图 65.5　叶片（秋）

图 65.6　花

类型 24-066

灌木型，树姿半开展，小叶类。

春季新梢芽叶色泽黄绿，1 芽 3 叶长 52.50mm，1 芽 3 叶百芽重 31.8g。芽叶茸毛中，光泽性中，新梢发芽密度密（图 66.1～图 66.2）。

秋季定型叶叶长 39mm，叶宽 14mm，叶面积 3.82cm^2。叶形长椭圆形，叶片厚 0.28mm，叶色黄绿，叶面平，叶片呈稍上斜状着生，光泽性中，叶片横切面内折，叶缘平直至微波状，叶齿锐度中、密度密、深度浅，叶尖急尖，叶基钝形（图 66.3～图 66.5）。

花柱裂位中，柱头 3 裂，花柱长 11mm，花丝长 11mm，雌雄蕊等高，子房有茸毛（图 66.6）。果实三角形，直径 23.45mm，果皮厚 0.66mm。种子球形，重 1.34g，种径中，种皮褐色。结实力弱。

秋季 1 芽 3 叶干样茶多酚 16.64%，氨基酸 2.06%，咖啡碱 3.94%，水浸出物 43.02%。

图 66.1　春梢

图 66.2　植株（春）

图 66.3　秋梢

图 66.4　植株（秋）

图 66.5　叶片（秋）

图 66.6　花

类型 24-067

灌木型，树姿半开展，小叶类。

春季新梢芽叶色泽黄绿，1 芽 3 叶长 27.75mm，1 芽 3 叶百芽重 18.0g。芽叶茸毛中，光泽性中，新梢发芽密度稀（图 67.1～图 67.2）。

秋季定型叶叶长 82mm，叶宽 29mm，叶面积 16.65cm^2。叶形长椭圆形，叶片厚 0.31mm，叶色黄绿，叶面平，叶片呈水平至稍上斜状着生，光泽性中，叶片横切面内折，叶缘波状，叶齿锐度锐、密度密、深度浅，叶尖渐尖，叶基楔形（图 67.3～图 67.5）。

花柱裂位高，柱头 3 裂，花柱长 15mm，花丝长 11mm，雌蕊高于雄蕊，子房有茸毛（图 67.6）。果实球形，直径 23.69mm，果皮厚 0.79mm。种子球形，重 0.56g，种径大，种皮棕色。结实力弱。

秋季 1 芽 3 叶干样茶多酚 14.09%，氨基酸 1.17%，咖啡碱 3.81%，水浸出物 44.88%。

图 67.1　春梢

图 67.2　植株（春）

图 67.3　秋梢

图 67.4　植株（秋）

图 67.5　叶片（秋）

图 67.6　花

类型 24-068

灌木型，树姿半开展，小叶类。

春季新梢芽叶色泽浅绿，1芽3叶长61.75mm，1芽3叶白芽重63.5g。芽叶茸毛中，光泽性强，新梢发芽密度中（图68.1～图68.2）。

秋季定型叶叶长80mm，叶宽30mm，叶面积16.80cm²。叶形长椭圆形，叶片厚0.26mm，叶色黄绿，叶面平，叶片呈水平至稍上斜状着生，光泽性中，叶片横切面内折，叶缘微波状，叶齿锐度中、密度密、深度浅，叶尖渐尖至急尖，叶基楔形至钝形（图68.3～图68.5）。

花柱裂位高，柱头3裂，花柱长9mm，花丝长8mm，雌蕊高于雄蕊，子房有茸毛（图68.6）。

秋季1芽3叶干样茶多酚16.91%，氨基酸2.20%，咖啡碱4.63%，水浸出物50.12%。

图 68.1　春梢

图 68.2　植株（春）

图 68.3　秋梢

图 68.4　植株（秋）

图 68.5　叶片（秋）

图 68.6　花

类型 24-069

灌木型，树姿半开展，小叶类。

春季新梢芽叶色泽浅绿，1 芽 3 叶长 24.50mm，1 芽 3 叶百芽重 45.3g。芽叶茸毛少，光泽性中，新梢发芽密度中（图 69.1～图 69.2）。

秋季定型叶叶长 72mm，叶宽 26mm，叶面积 13.10cm²。叶形长椭圆形，叶片厚 0.33mm，叶色黄绿，叶面平至微隆起，叶片呈上斜状着生，光泽性中，叶片横切面内折，叶缘平直状，叶齿锐度锐、密度中、深度浅，叶尖急尖，叶基钝形（图 69.3～图 69.5）。

花柱裂位中，柱头 3 裂，花柱长 10mm，花丝长 10mm，雌雄蕊等高，子房有茸毛（图 69.6）。果实三角形，直径 20.29mm，果皮厚 0.99mm。种子球形，重 0.51g，种径中，种皮棕色。结实力强。

秋季 1 芽 3 叶干样茶多酚 16.50%，氨基酸 1.31%，咖啡碱 3.62%，水浸出物 44.22%。

图 69.1　春梢

图 69.2　植株（春）

图 69.3　秋梢

图 69.4　植株（秋）

图 69.5　叶片（秋）

图 69.6　花

类型 24-070

灌木型，树姿半开展，小叶类。

春季新梢芽叶色泽黄绿，1 芽 3 叶长 23.00mm，1 芽 3 叶白芽重 17.4g。芽叶茸毛中，光泽性中，新梢发芽密度中（图 70.1～图 70.2）。

秋季定型叶叶长 74mm，叶宽 25mm，叶面积 12.95cm^2。叶形长椭圆形，叶片厚 0.35mm，叶色黄绿，叶面微隆起，叶片呈水平至稍上斜状着生，光泽性中，叶片横切面平，叶缘平直状，叶齿锐度中、密度密、深度中，叶尖渐尖至急尖，叶基钝形（图 70.3～图 70.5）。

花柱裂位高，柱头 3 裂，花柱长 5mm，花丝长 7mm，雌蕊低于雄蕊，子房有茸毛（图 70.6）。

秋季 1 芽 3 叶干样茶多酚 10.20%，氨基酸 0.80%，咖啡碱 2.87%，水浸出物 37.16%。

图 70.1　春梢

图 70.2　植株（春）

图 70.3　秋梢

图 70.4　植株（秋）

图 70.5　叶片（秋）

图 70.6　花

类型 25：小叶、椭圆形、叶色深绿

类型 25-071

灌木型，树姿半开展，小叶类。

春季新梢芽叶色泽浅绿，1 芽 3 叶长 57.75mm，1 芽 3 叶百芽重 54.0g。芽叶茸毛中，光泽性中，新梢发芽密度稀（图 71.1～图 71.2）。

秋季定型叶叶长 76mm，叶宽 36mm，叶面积 19.15cm^2。叶形椭圆形，叶片厚 0.32mm，叶色深绿，叶面平，叶片呈水平至稍上斜状着生，光泽性中，叶片横切面平至内折，叶缘平直状，叶齿锐度中、密度稀、深度中，叶尖渐尖，叶基钝形（图 71.3～图 71.5）。

花柱裂位低，柱头 3 裂，花柱长 11mm，花丝长 10mm，雌蕊高于雄蕊，子房有茸毛（图 71.6）。果实三角形，直径 21.16mm，果皮厚 0.69mm。种子球形，重 1.04g，种径中，种皮褐色。结实力弱。

秋季 1 芽 3 叶干样茶多酚 11.41%，氨基酸 1.13%，咖啡碱 6.17%，水浸出物 43.92%。

图 71.1　春梢　　　　　　　　图 71.2　植株（春）

图 71.3　秋梢

图 71.4　植株（秋）

图 71.5　叶片（秋）

图 71.6　花

类型 26：小叶、椭圆形、叶色浅绿

灌木型，树姿半开展，小叶类。

春季新梢芽叶色泽黄绿，1 芽 3 叶长 30.00mm，1 芽 3 叶百芽重 37.0g。芽叶茸毛中，光泽性中，新梢发芽密度密（图 72.1～图 72.2）。

秋季定型叶叶长 36mm，叶宽 16mm，叶面积 4.03cm^2。叶形椭圆形，叶片厚 0.21mm，叶色浅绿，叶面平，叶片呈稍上斜至上斜状着生，光泽性中，叶片横切面内折，叶缘平直状，叶齿锐度中、密度中、深度中，叶尖急尖，叶基钝形（图 72.3～图 72.5）。

花柱裂位高，柱头 3 裂，花柱长 10mm，花丝长 10mm，雌雄蕊等高，子房有茸毛（图 72.6）。果实三角形，直径 19.59mm，果皮厚 0.63mm。种子球形，重 1.49g，种径中，种皮棕色。结实力强。

秋季 1 芽 3 叶干样茶多酚 15.14%，氨基酸 1.50%，咖啡碱 4.17%，水浸出物 37.14%。

图 72.1　春梢

图 72.2　植株（春）

图 72.3 秋梢

图 72.4 植株（秋）

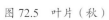

图 72.5 叶片（秋）

图 72.6 花

类型 26-073

灌木型，树姿半开展，小叶类。

春季新梢芽叶色泽绿，1芽3叶长80.80mm，1芽3叶百芽重68.7g。芽叶茸毛少，光泽性中，新梢发芽密度稀（图73.1～图73.2）。

秋季定型叶叶长55mm，叶宽27mm，叶面积10.40cm²。叶形椭圆形，叶片厚0.15mm，叶色浅绿，叶面平，叶片呈水平状着生，光泽性暗，叶片横切面内折，叶缘平直状，叶齿锐度中、密度密、深度浅，叶尖渐尖，叶基钝形（图73.3～图73.5）。

花柱裂位高，柱头3裂，花柱长12mm，花丝长12mm，雌雄蕊等高，子房有茸毛（图73.6）。果实三角形，直径28.30mm，果皮厚1.11mm。种子球形，重1.37g，种径大，种皮棕色。结实力中。

秋季1芽3叶干样茶多酚13.78%，氨基酸0.92%，咖啡碱4.67%，水浸出物44.02%。

图73.1　春梢

图73.2　植株（春）

图 73.3　秋梢

图 73.4　植株（秋）

图 73.5　叶片（秋）

图 73.6　花

类型 26-074

灌木型，树姿半开展，小叶类。

春季新梢芽叶色泽浅绿，1 芽 3 叶长 67.70mm，1 芽 3 叶百芽重 39.9g。芽叶茸毛中，光泽性强，新梢发芽密度中（图 74.1～图 74.2）。

秋季定型叶叶长 65mm，叶宽 28mm，叶面积 12.74cm^2。叶形椭圆形，叶片厚 0.38mm，叶色浅绿，叶面微隆起，叶片呈稍上斜状着生，光泽性暗，叶片横切面平，叶缘平直状，叶齿锐度钝、密度密、深度浅，叶尖急尖至钝尖，叶基钝形（图 74.3～图 74.5）。

花柱裂位中，柱头 3 裂，花柱长 12mm，花丝长 11mm，雌蕊高于雄蕊，子房有茸毛（图 74.6）。果实肾形，直径 17.23mm，果皮厚 0.68mm。种子球形，重 1.31g，种径中，种皮棕色。结实力弱。

秋季 1 芽 3 叶干样茶多酚 19.78%，氨基酸 1.20%，咖啡碱 2.92%，水浸出物 48.29%。

图 74.1　春梢

图 74.2　植株（春）

图 74.3 秋梢

图 74.4 植株（秋）

图 74.5 叶片（秋）

图 74.6 花

类型 26-075

灌木型，树姿半开展，小叶类。

春季新梢芽叶色泽浅绿，1 芽 3 叶长 57.50mm，1 芽 3 叶百芽重 62.5g。芽叶茸毛少，光泽性中，新梢发芽密度稀（图 75.1～图 75.2）。

秋季定型叶叶长 54mm，叶宽 22mm，叶面积 8.32cm²。叶形椭圆形，叶片厚 0.28mm，叶色浅绿，叶面微隆起，叶片呈稍上斜状着生，光泽性暗，叶片横切面平，叶缘平直状，叶齿锐度中、密度密、深度中，叶尖急尖，叶基钝形（图 75.3～图 75.5）。

花柱裂位中，柱头 3 裂，花柱长 13mm，花丝长 13mm，雌雄蕊等高，子房有茸毛（图 75.6）。果实球形，直径 15.57mm，果皮厚 0.41mm。种子球形，重 0.58g，种径小，种皮棕色。结实力弱。

秋季 1 芽 3 叶干样茶多酚 14.69%，氨基酸 1.27%，咖啡碱 3.44%，水浸出物 41.88%。

图 75.1　春梢　　　　　　　　　　　　　　图 75.2　植株（春）

图 75.3 秋梢

图 75.4 植株（秋）

图 75.5 叶片（秋）

图 75.6 花

类型 26-076

灌木型，树姿半开展，小叶类。

春季新梢芽叶色泽绿，1 芽 3 叶长 27.75mm，1 芽 3 叶百芽重 44.8g。芽叶茸毛中，光泽性强，新梢发芽密度中（图 76.1～图 76.2）。

秋季定型叶叶长 80mm，叶宽 35mm，叶面积 19.60cm^2。叶形椭圆形，叶片厚 0.39mm，叶色浅绿，叶面微隆起，叶片呈稍上斜状着生，光泽性中，叶片横切面平，叶缘平直状，叶齿锐度锐、密度密、深度浅，叶尖急尖至钝尖，叶基钝形（图 76.3～图 76.5）。

花柱裂位高，柱头 3 裂，花柱长 15mm，花丝长 7mm，雌蕊高于雄蕊，子房有茸毛（图 76.6）。

秋季 1 芽 3 叶干样茶多酚 17.39%，氨基酸 1.45%，咖啡碱 4.65%，水浸出物 49.06%。

图 76.1　春梢

图 76.2　植株（春）

图 76.3 秋梢

图 76.4 植株（秋）

图 76.5 叶片（秋）

图 76.6 花

类型 27：小叶、椭圆形、叶色绿

类型 27-077

灌木型，树姿半开展，小叶类。

春季新梢芽叶色泽黄绿，1 芽 3 叶长 30.75mm，1 芽 3 叶百芽重 27.3g。芽叶茸毛中，光泽性中，新梢发芽密度中（图 77.1～图 77.2）。

秋季定型叶叶长 70mm，叶宽 33mm，叶面积 16.17cm²。叶形椭圆形，叶片厚 0.27mm，叶色绿，叶面隆起，叶片呈稍上斜状着生，光泽性强，叶片横切面内折，叶缘微波状，叶齿锐度中、密度中、深度中，叶尖急尖，叶基钝形（图 77.3～图 77.5）。

花柱裂位高，柱头 3 裂，花柱长 16mm，花丝长 11mm，雌蕊高于雄蕊，子房有茸毛（图 77.6）。果实三角形，直径 26.15mm，果皮厚 0.67mm。种子球形，重 1.54g，种径中，种皮棕色。结实力强。

秋季 1 芽 3 叶干样茶多酚 12.11%，氨基酸 1.82%，咖啡碱 3.35%，水浸出物 40.65%。

图 77.1　春梢

图 77.2　植株（春）

图 77.3 秋梢

图 77.4 植株（秋）

图 77.5 叶片（秋）

图 77.6 花

类型 27-078

灌木型，树姿半开展，小叶类。

春季新梢芽叶色泽绿，1芽3叶长40.13mm，1芽3叶百芽重22.8g。芽叶茸毛少，光泽性中，新梢发芽密度密（图78.1～图78.2）。

秋季定型叶叶长33mm，叶宽14mm，叶面积3.23cm^2。叶形椭圆形，叶片厚0.22mm，叶色绿，叶面平，叶片呈水平状着生，光泽性暗，叶片横切面稍背卷，叶缘平直状，叶齿锐度锐、密度密、深度浅，叶尖渐尖，叶基钝形（图78.3～图78.4）。

花柱裂位中，柱头3裂，花柱长12mm，花丝长9mm，雌蕊高于雄蕊，子房有茸毛（图78.5）。

秋季1芽3叶干样茶多酚12.58%，氨基酸1.54%，咖啡碱4.01%，水浸出物43.03%。

图78.1　春梢

图78.2　植株（春）

图 78.3 秋梢

图 78.5 花

图 78.4 植株（秋）

类型 27-079

灌木型，树姿半开展，小叶类。

春季新梢芽叶色泽黄绿，1 芽 3 叶长 67.80mm，1 芽 3 叶百芽重 30.2g。芽叶茸毛多，光泽性中，新梢发芽密度稀（图 79.1～图 79.2 ）。

秋季定型叶叶长 55mm，叶宽 25mm，叶面积 9.63cm²。叶形椭圆形，叶片厚 0.27mm，叶色绿，叶面平，叶片呈稍上斜状着生，光泽性暗，叶片横切面内折，叶缘平直状，叶齿锐度中、密度密、深度浅，叶尖渐尖至急尖，叶基钝形（图 79.3～图 79.5 ）。

花柱裂位高，柱头 3 裂，花柱长 15mm，花丝长 12mm，雌蕊高于雄蕊，子房有茸毛（图 79.6 ）。果实三角形，直径 25.02mm，果皮厚 0.64mm。种子球形，重 2.14g，种径大，种皮棕褐色。结实力强。

秋季 1 芽 3 叶干样茶多酚 18.58%，氨基酸 1.40%，咖啡碱 3.52%，水浸出物 44.96%。

图 79.1　春梢

图 79.2　植株（春）

图 79.3　秋梢

图 79.4　植株（秋）

图 79.5　叶片（秋）

图 79.6　花

类型 27-080

灌木型，树姿半开展，小叶类。

春季新梢芽叶色泽浅绿，1 芽 3 叶长 76.60mm，1 芽 3 叶百芽重 45.4g。芽叶茸毛多，光泽性强，新梢发芽密度密（图 80.1～图 80.2）。

秋季定型叶叶长 60mm，叶宽 25mm，叶面积 10.50cm^2。叶形椭圆形，叶片厚 0.23mm，叶色绿，叶面平，叶片呈稍上斜状着生，光泽性中，叶片横切面内折，叶缘微波状，叶齿锐度锐、密度密、深度浅，叶尖渐尖，叶基钝形（图 80.3～图 80.5）。

花柱裂位高，柱头 4 裂，花柱长 15mm，花丝长 10mm，雌蕊高于雄蕊，子房有茸毛（图 80.6）。

秋季 1 芽 3 叶干样茶多酚 17.56%，氨基酸 1.67%，咖啡碱 3.03%，水浸出物 43.11%。

图 80.1 春梢

图 80.2 植株（春）

图 80.3　秋梢

图 80.4　植株（秋）

图 80.5　叶片（秋）

图 80.6　花

类型 27-081

灌木型，树姿半开展，小叶类。

春季新梢芽叶色泽浅绿，1 芽 3 叶长 57.25mm，1 芽 3 叶百芽重 45.0g。芽叶茸毛少，光泽性强，新梢发芽密度密（图 81.1～图 81.2）。

秋季定型叶叶长 58mm，叶宽 27mm，叶面积 $10.96cm^2$。叶形椭圆形，叶片厚 0.28mm，叶色绿，叶面平，叶片呈稍上斜至上斜状着生，光泽性暗，叶片横切面内折，叶缘平直状，叶齿锐度中、密度稀、深度浅，叶尖急尖，叶基钝形（图 81.3～图 81.5）。

花柱裂位高，柱头 3 裂，花柱长 16mm，花丝长 12mm，雌蕊高于雄蕊，子房有茸毛（图 81.6）。果实三角形，直径 36.20mm，果皮厚 0.92mm。种子球形，重 1.95g，种径大，种皮棕色。结实力弱。

秋季 1 芽 3 叶干样茶多酚 10.16%，氨基酸 1.43%，咖啡碱 1.55%，水浸出物 34.90%。

图 81.1　春梢

图 81.2　植株（春）

图 81.3　秋梢

图 81.4　植株（秋）

图 81.5　叶片（秋）

图 81.6　花

类型 27-082

灌木型，树姿半开展，小叶类。

春季新梢芽叶色泽黄绿，1芽3叶长29.75mm，1芽3叶百芽重32.3g。芽叶茸毛少，光泽性中，新梢发芽密度密（图82.1～图82.2）。

秋季定型叶叶长69mm，叶宽33mm，叶面积15.94cm²。叶形椭圆形，叶片厚0.27mm，叶色绿，叶面平，叶片呈水平状着生，光泽性中，叶片横切面内折，叶缘平直状，叶齿锐度钝、密度稀、深度浅，叶尖渐尖至钝尖，叶基钝形（图82.3～图82.5）。

花柱裂位中，柱头3裂，花柱长17mm，花丝长13mm，雌蕊高于雄蕊，子房有茸毛（图82.6）。果实三角形，直径23.60mm，果皮厚0.75mm。种子球形，重0.86g，种径中，种皮棕色。结实力强。

秋季1芽3叶干样茶多酚13.29%，氨基酸1.80%，咖啡碱3.80%，水浸出物38.22%。

图82.1　春梢

图82.2　植株（春）

图 82.3　秋梢

图 82.4　植株（秋）

图 82.5　叶片（秋）

图 82.6　花

类型 27-083

灌木型，树姿半开展，小叶类。

春季新梢芽叶色泽黄绿，1 芽 3 叶长 39.00mm，1 芽 3 叶百芽重 44.3g。芽叶茸毛少，光泽性中，新梢发芽密度密（图 83.1～图 83.2）。

秋季定型叶叶长 30mm，叶宽 12mm，叶面积 2.52cm^2。叶形椭圆形，叶片厚 0.37mm，叶色绿，叶面平，叶片呈水平至稍上斜状着生，光泽性强，叶片横切面平，叶缘平直状，叶齿锐度钝、密度稀、深度浅，叶尖急尖，叶基钝形（图 83.3～图 83.5）。

花柱裂位高，柱头 3 裂，花柱长 14mm，花丝长 14mm，雌雄蕊等高，子房有茸毛（图 83.6）。

秋季 1 芽 3 叶干样茶多酚 13.47%，氨基酸 1.34%，咖啡碱 4.70%，水浸出物 42.45%。

图 83.1　春梢

图 83.2　植株（春）

图 83.3 秋梢

图 83.4 植株（秋）

图 83.5 叶片（秋）

图 83.6 花

类型 27-084

灌木型，树姿半开展，小叶类。

春季新梢芽叶色泽黄绿，1 芽 3 叶长 69.70mm，1 芽 3 叶百芽重 33.3g。芽叶茸毛多，光泽性强，新梢发芽密度中（图 84.1～图 84.2）。

秋季定型叶叶长 60mm，叶宽 26mm，叶面积 10.92cm²。叶形椭圆形，叶片厚 0.28mm。叶色绿，叶面微隆起，叶片呈稍上斜状着生，光泽性中，叶片横切面内折，叶缘平直状，叶齿锐度中、密度密、深度浅，叶尖急尖，叶基钝形（图 84.3～图 84.5）。

花柱裂位中，柱头 3 裂，花柱长 17mm，花丝长 11mm，雌蕊高于雄蕊，子房无茸毛（图 84.6）。果实三角形，直径 26.86mm，果皮厚 0.72mm。种子球形，重 1.21g，种径大，种皮棕色。结实力中。

秋季 1 芽 3 叶干样茶多酚 22.24%，氨基酸 1.42%，咖啡碱 2.76%，水浸出物 39.94%。

图 84.1　春梢

图 84.2　植株（春）

图 84.3　秋梢

图 84.4　植株（秋）

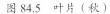

图 84.5　叶片（秋）

图 84.6　花

类型 27-085

灌木型，树姿半开展，小叶类。

春季新梢芽叶色泽黄绿，1 芽 3 叶长 37.75mm，1 芽 3 叶百芽重 53.0g。芽叶茸毛中，光泽性中，新梢发芽密度中（图 85.1～图 85.2）。

秋季定型叶叶长 76mm，叶宽 35mm，叶面积 18.62cm^2。叶形椭圆形，叶片厚 0.27mm，叶色绿，叶面微隆起，叶片呈水平至稍上斜状着生，光泽性强，叶片横切面内折，叶缘微波状，叶齿锐度锐、密度中、深度中，叶尖渐尖至急尖，叶基钝形至近圆形（图 85.3～图 85.5）。

花柱裂位中，柱头 3 裂，花柱长 6mm，花丝长 10mm，雌蕊低于雄蕊，子房有茸毛（图 85.6）。

秋季 1 芽 3 叶干样茶多酚 12.80%，氨基酸 1.73%，咖啡碱 2.98%，水浸出物 50.46%。

图 85.1　春梢

图 85.2　植株（春）

图 85.3 秋梢

图 85.4 植株（秋）

图 85.5 叶片（秋）

图 85.6 花

类型 28：小叶、椭圆形、叶色黄绿

类型 28-086

灌木型，树姿半开展，小叶类。

春季新梢芽叶色泽浅绿，1 芽 3 叶长 90.00mm，1 芽 3 叶百芽重 89.3g。芽叶茸毛少，光泽性强，新梢发芽密度中（图 86.1~图 86.2）。

秋季定型叶叶长 55mm，叶宽 27mm，叶面积 10.40cm²。叶形椭圆形，叶片厚 0.32mm，叶色黄绿，叶面平，叶片呈稍上斜状着生，光泽性中，叶片横切面内折，叶缘微波状，叶齿锐度中、密度密、深度浅，叶尖钝尖，叶基钝形（图 86.3~图 86.5）。

花柱裂位高，柱头 3 裂，花柱长 12mm，花丝长 11mm，雌蕊高于雄蕊，子房有茸毛（图 86.6）。

秋季 1 芽 3 叶干样茶多酚 17.14%，氨基酸 1.67%，咖啡碱 4.28%，水浸出物 45.19%。

图 86.1　春梢　　　　　　　　　　图 86.2　植株（春）

图 86.3 秋梢

图 86.4 植株（秋）

图 86.5 叶片（秋）

图 86.6 花

类型 28-087

灌木型，树姿半开展，小叶类。

春季新梢芽叶色泽紫绿，1 芽 3 叶长 80.20mm，1 芽 3 叶百芽重 43.2g。芽叶茸毛多，光泽性中，新梢发芽密度中（图 87.1~图 87.2）。

秋季定型叶叶长 58mm，叶宽 24mm，叶面积 9.74cm^2。叶形椭圆形，叶片厚 0.28mm，叶色黄绿，叶面隆起，叶片呈水平至稍上斜状着生，光泽性中，叶片横切面稍背卷，叶缘平直状，叶齿锐度锐、密度密、深度浅，叶尖急尖，叶基钝形（图 87.3~图 87.5）。

花柱裂位中，柱头 3 裂，花柱长 16mm，花丝长 13mm，雌蕊高于雄蕊，子房有茸毛（图 87.6）。果实三角形，直径 25.26mm，果皮厚 0.73mm。种子球形，重 0.94g，种径小，种皮棕色。结实力中。

秋季 1 芽 3 叶干样茶多酚 15.79%，氨基酸 1.25%，咖啡碱 3.27%，水浸出物 43.42%。

图 87.1　春梢

图 87.2　植株（春）

图 87.3　秋梢

图 87.4　植株（秋）

图 87.5　叶片（秋）

图 87.6　花

类型 28-088

灌木型，树姿半开展，小叶类。

春季新梢芽叶色泽浅绿，1芽3叶长55.00mm，1芽3叶百芽重47.5g。芽叶茸毛中，光泽性强，新梢发芽密度中（图88.1～图88.2）。

秋季定型叶叶长75mm，叶宽35mm，叶面积18.38cm^2。叶形椭圆形，叶片厚0.39mm，叶色黄绿，叶面隆起，叶片呈下垂状着生，光泽性中，叶片横切面内折，叶缘平直状，叶齿锐度钝、密度中、深度浅，叶尖急尖至钝尖，叶基钝形（图88.3～图88.5）。

花柱裂位高，柱头3裂，花柱长15mm，花丝长13mm，雌蕊高于雄蕊，子房有茸毛（图88.6）。

秋季1芽3叶干样茶多酚14.07%，氨基酸1.57%，咖啡碱3.48%，水浸出物48.42%。

图88.1　春梢

图88.2　植株（春）

图 88.3 秋梢

图 88.4 植株（秋）

图 88.5 叶片（秋）

图 88.6 花

类型 28-089

灌木型，树姿半开展，小叶类。

春季新梢芽叶色泽绿，1 芽 3 叶长 78.78mm，1 芽 3 叶百芽重 48.2g。芽叶茸毛中，光泽性强，新梢发芽密度稀（图 89.1～图 89.2）。

秋季定型叶叶长 75mm，叶宽 33mm，叶面积 17.33cm^2。叶形椭圆形，叶片厚 0.26mm，叶色黄绿，叶面隆起，叶片呈稍上斜状着生，光泽性强，叶片横切面平，叶缘波状，叶齿锐度锐、密度密、深度深，叶尖急尖，叶基钝形（图 89.3～图 89.5）。

花柱裂位高，柱头 3 裂，花柱长 13mm，花丝长 13mm，雌雄蕊等高，子房无茸毛（图 89.6）。果实三角形，直径 32.00mm，果皮厚 0.81mm。种子球形，重 2.28g，种径大，种皮棕色。结实力弱。

秋季 1 芽 3 叶干样茶多酚 11.55%，氨基酸 1.66%，咖啡碱 4.38%，水浸出物 39.21%。

图 89.1　春梢

图 89.2　植株（春）

图 89.3　秋梢

图 89.4　植株（秋）

图 89.5　叶片（秋）

图 89.6　花

类型 28-090

灌木型，树姿半开展，小叶类。

春季新梢芽叶色泽黄绿，1 芽 3 叶长 32.00mm，1 芽 3 叶百芽重 29.5g。芽叶茸毛中，光泽性中，新梢发芽密度密（图 90.1～图 90.2）。

秋季定型叶叶长 62mm，叶宽 29mm，叶面积 12.59cm^2。叶形椭圆形，叶片厚 0.24mm，叶色黄绿，叶面隆起，叶片呈稍上斜状着生，光泽性强，叶片横切面平，叶缘微波状，叶齿锐度锐、密度中、深度浅，叶尖急尖，叶基钝形（图 90.3～图 90.5）。

花柱裂位高，柱头 3 裂，花柱长 13mm，花丝长 13mm，雌雄蕊等高，子房有茸毛（图 90.6）。果实球形，直径 14.70mm，果皮厚 0.78mm。种子球形，重 0.50g，种径中，种皮褐色。结实力弱。

秋季 1 芽 3 叶干样茶多酚 14.61%，氨基酸 1.17%，咖啡碱 3.65%，水浸出物 46.44%。

图 90.1 春梢   图 90.2 植株（春）

图 90.3 秋梢

图 90.4 植株（秋）

图 90.5 叶片（秋）

图 90.6 花

类型 28-091

灌木型，树姿半开展，小叶类。

春季新梢芽叶色泽浅绿，1 芽 3 叶长 32.50mm，1 芽 3 叶百芽重 25.5g。芽叶茸毛中，光泽性中，新梢发芽密度密（图 91.1～图 91.2）。

秋季定型叶叶长 69mm，叶宽 33mm，叶面积 15.94cm^2。叶形椭圆形，叶片厚 0.42mm。叶色黄绿，叶面平，叶片呈上斜状着生，光泽性强，叶片横切面内折，叶缘平直状，叶齿锐度钝、密度中、深度浅，叶尖渐尖至急尖，叶基钝形（图 91.3～图 91.5）。

花柱裂位高，柱头 3 裂，花柱长度 15mm，花丝长度 13mm，雌蕊高于雄蕊，子房有茸毛。果实球形，直径 15.26mm，果皮厚 0.58mm。种子球形，重 0.76g，种径中，种皮棕色。结实力中。

秋季 1 芽 3 叶干样茶多酚 12.67%，氨基酸 1.69%，咖啡碱 4.92%，水浸出物 44.11%。

图 91.1　春梢

图 91.2　植株（春）

图 91.3　秋梢

图 91.5　叶片（秋）

图 91.4　植株（秋）

类型 28-092

灌木型，树姿半开展，小叶类。

春季新梢芽叶色泽浅绿，1 芽 3 叶长 75.11mm，1 芽 3 叶百芽重 47.7g。芽叶茸毛多，光泽性中，新梢发芽密度中（图 92.1～图 92.2）。

秋季定型叶叶长 62mm，叶宽 29mm，叶面积 12.59cm^2。叶形椭圆形，叶片厚 0.3mm，叶色黄绿，叶面平，叶片呈上斜状着生，光泽性中，叶片横切面内折，叶缘平直状，叶齿锐度中、密度稀、深度浅，叶尖急尖，叶基钝形（图 92.3～图 92.5）。

花柱裂位高，柱头 3 裂，花柱长度 15mm，花丝长度 13mm，雌蕊高于雄蕊，子房有茸毛（图 92.6）。果实肾形，直径 17.85mm，果皮厚 0.76mm。种子球形，重 1.12g，种径中，种皮褐色。结实力弱。

秋季 1 芽 3 叶干样茶多酚 14.74%，氨基酸 1.20%，咖啡碱 3.75%，水浸出物 44.94%。

图 92.1　春梢

图 92.2　植株（春）

图 92.3 秋梢

图 92.4 植株（秋）

图 92.5 叶片（秋）

图 92.6 花

类型 28-093

灌木型，树姿半开展，小叶类。

春季新梢芽叶色泽绿，1 芽 3 叶长 68.20mm，1 芽 3 叶百芽重 92.5g。芽叶茸毛中，光泽性强，新梢发芽密度中（图 93.1～图 93.2）。

秋季定型叶叶长 72mm，叶宽 35mm，叶面积 17.64cm^2。叶形椭圆形，叶片厚 0.47mm，叶色黄绿，叶面平，叶片呈稍上斜状着生，光泽性中，叶片横切面内折，叶缘平直状，叶齿锐度钝、密度稀、深度浅，叶尖急尖至钝尖，叶基钝形至近圆形（图 93.3～图 93.5）。

花柱裂位中，柱头 3 裂，花柱长 13mm，花丝长 13mm，雌雄蕊等高，子房有茸毛（图 93.6）。果实球形，直径 25.83mm，果皮厚 0.58mm。种子球形，重 0.75g，种径中，种皮棕色。结实力中。

秋季 1 芽 3 叶干样茶多酚 18.77%，氨基酸 1.76%，咖啡碱 5.05%，水浸出物 45.62%。

图 93.1　春梢

图 93.2　植株（春）

图 93.3　秋梢

图 93.4　植株（秋）

图 93.5　叶片（秋）

图 93.6　花

类型 28-094

灌木型，树姿半开展，小叶类。

春季新梢芽叶色泽黄绿，1 芽 3 叶长 100.44mm，1 芽 3 叶百芽重 59.0g。芽叶茸毛少，光泽性中，新梢发芽密度稀（图 94.1～图 94.2）。

秋季定型叶叶长 55mm，叶宽 26mm，叶面积 10.01cm^2。叶形椭圆形，叶片厚 0.22mm，叶色黄绿，叶面平，叶片呈稍上斜状着生，光泽性中，叶片横切面内折，叶缘平直状，叶齿锐度钝、密度中、深度浅，叶尖渐尖至钝尖，叶基钝形（图 94.3～图 94.5）。

花柱裂位高，柱头 3 裂，花柱长 16mm，花丝长 11mm，雌蕊高于雄蕊，子房无茸毛（图 94.6）。果实球形，直径 19.04mm，果皮厚 0.45mm。种子球形，重 0.49g，种径小，种皮棕色。结实力弱。

秋季 1 芽 3 叶干样茶多酚 14.00%，氨基酸 1.10%，咖啡碱 3.83%，水浸出物 38.96%。

图 94.1　春梢　　　　　　　　　　　　图 94.2　植株（春）

图 94.3　秋梢

图 94.4　植株（秋）

图 94.5　叶片（秋）

图 94.6　花

类型 28-095

灌木型，树姿半开展，小叶类。

春季新梢芽叶色泽浅绿，1 芽 3 叶长 76.67mm，1 芽 3 叶百芽重 63.7g。芽叶茸毛中，光泽性强，新梢发芽密度密（图 95.1～图 95.2）。

秋季定型叶叶长 64mm，叶宽 26mm，叶面积 11.65cm^2。叶形椭圆形，叶片厚 0.29mm，叶色黄绿，叶面平，叶片呈稍上斜至上斜状着生，光泽性中，叶片横切面内折，叶缘平直状，叶齿锐度中、密度密、深度浅，叶尖渐尖至急尖，叶基钝形（图 95.3～图 95.5）。

花柱裂位高，柱头 3 裂，花柱长 15mm，花丝长 13mm，雌蕊高于雄蕊，子房有茸毛（图 95.6）。果实三角形，直径 22.50mm，果皮厚 0.94mm。种子球形，重 0.55g，种径中，种皮褐色。结实力弱。

秋季 1 芽 3 叶干样茶多酚 15.22%，氨基酸 1.81%，咖啡碱 2.75%，水浸出物 48.79%

图 95.1　春梢

图 95.2　植株（春）

图 95.3　秋梢

图 95.4　植株（秋）

图 95.5　叶片（秋）

图 95.6　花

类型 28-096

灌木型，树姿半开展，小叶类。

春季新梢芽叶色泽黄绿，1 芽 3 叶长 72.20mm，1 芽 3 叶百芽重 26.6g。芽叶茸毛少，光泽性中，新梢发芽密度密（图 96.1～图 96.2）。

秋季定型叶叶长 75mm，叶宽 36mm，叶面积 18.90cm²。叶形椭圆形，叶片厚 0.33mm，叶色黄绿，叶面平，叶片呈水平至稍上斜状着生，光泽性强，叶片横切面内折，叶缘平直状，叶齿锐度锐、密度密、深度浅，叶尖急尖至钝尖，叶基钝形（图 96.3～图 96.5）。

花柱裂位高，柱头 3 裂，花柱长 15mm，花丝长 13mm，雌蕊高于雄蕊，子房有茸毛（图 96.6）。果实肾形，直径 14.45mm，果皮厚 0.27mm。种子球形，重 0.76g，种径小，种皮棕色。结实力弱。

秋季 1 芽 3 叶干样茶多酚 11.34%，氨基酸 1.77%，咖啡碱 3.12%，水浸出物 41.02%。

图 96.1　春梢

图 96.2　植株（春）

图 96.3　秋梢

图 96.4　植株（秋）

图 96.5　叶片（秋）

图 96.6　花

类型 28-097

灌木型，树姿半开展，小叶类。

春季新梢芽叶色泽黄绿，1 芽 3 叶长 52.50mm，1 芽 3 叶百芽重 63.5g。芽叶茸毛中，光泽性强，新梢发芽密度密（图 97.1～图 97.2）。

秋季定型叶叶长 77mm，叶宽 35mm，叶面积 18.87cm²。叶形椭圆形，叶片厚 0.30mm，叶色黄绿，叶面平，叶片呈稍上斜状着生，光泽性中，叶片横切面平至内折，叶缘平直状，叶齿锐度锐、密度密、深度浅，叶尖急尖，叶基钝形至近圆形（图 97.3～图 97.5）。

花柱裂位中，柱头 3 裂，花柱长 16mm，花丝长 15mm，雌蕊高于雄蕊，子房有茸毛（图 97.6）。果实肾形，直径 25.34mm，果皮厚 1.33mm。种子球形，重 1.79g，种径大，种皮棕色。结实力中。

秋季 1 芽 3 叶干样茶多酚 18.64%，氨基酸 1.11%，咖啡碱 4.31%，水浸出物 36.64%。

图 97.1　春梢

图 97.2　植株（春）

图 97.3 秋梢

图 97.4 植株（秋）

图 97.5 叶片（秋）

图 97.6 花

灌木型，树姿半开展，小叶类。

春季新梢芽叶色泽黄绿，1 芽 3 叶长 62.50mm，1 芽 3 叶百芽重 89.5g。芽叶茸毛中，光泽性中，新梢发芽密度中（图 98.1～图 98.2）。

秋季定型叶叶长 51mm，叶宽 21mm，叶面积 7.50cm²。叶形椭圆形，叶片厚 0.25mm，叶色黄绿，叶面平，叶片呈下垂状着生，光泽性中，叶片横切面内折，叶缘平直状，叶齿锐度中、密度密、深度中，叶尖渐尖至急尖，叶基钝形（图 98.3～图 98.5）。

花柱裂位高，柱头 3 裂，花柱长 13mm，花丝长 13mm，雌雄蕊等高，子房有茸毛（图 98.6）。

秋季 1 芽 3 叶干样茶多酚 13.78%，氨基酸 1.45%，咖啡碱 4.96%，水浸出物 49.31%。

图 98.1　春梢

图 98.2　植株（春）

图 98.3　秋梢

图 98.4　植株（秋）

图 98.5　叶片（秋）

图 98.6　花

类型 28-099

灌木型，树姿半开展，小叶类。

春季新梢芽叶色泽绿，1 芽 3 叶长 49.75mm，1 芽 3 叶百芽重 53.3g。芽叶茸毛中，光泽性中，新梢发芽密度中（图 99.1～图 99.2）。

秋季定型叶叶长 84mm，叶宽 34mm，叶面积 19.99cm²。叶形椭圆形，叶片厚 0.34mm，叶色黄绿，叶面微隆起，叶片呈水平状着生，光泽性中，叶片横切面平，叶缘平直状，叶齿锐度锐、密度密、深度中，叶尖渐尖，叶基钝形（图 99.3～图 99.5）。

花柱裂位高，柱头 3 裂，花柱长 11mm，花丝长 11mm，雌雄蕊等高，子房有茸毛（图 99.6）。果实肾形，直径 15.34mm，果皮厚 0.64mm。种子球形，重 1.00g，种径小，种皮褐色。结实力强。

秋季 1 芽 3 叶干样茶多酚 18.13%，氨基酸 0.98%，咖啡碱 3.95%，水浸出物 46.03%。

图 99.1　春梢

图 99.2　植株（春）

图 99.3 秋梢

图 99.4 植株（秋）

图 99.5 叶片（秋）

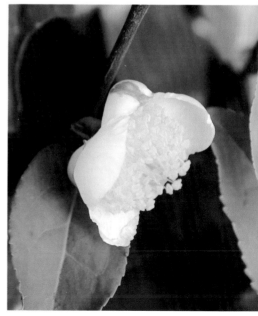

图 99.6 花

类型 28-100

灌木型，树姿半开展，小叶类。

春季新梢芽叶色泽黄绿，1 芽 3 叶长 62.20mm，1 芽 3 叶百芽重 34.7g。芽叶茸毛少，光泽性中，新梢发芽密度密（图 100.1～图 100.2）。

秋季定型叶叶长 71mm，叶宽 32mm，叶面积 15.90cm^2。叶形椭圆形，叶片厚 0.40mm，叶色黄绿，叶面微隆起，叶片呈水平至稍上斜状着生，光泽性中，叶片横切面平，叶缘平直状，叶齿锐度钝、密度中、深度浅，叶尖渐尖至钝尖，叶基钝形（图 100.3～图 100.5）。

花柱裂位中，柱头 3 裂，花柱长 10mm，花丝长 10mm，雌雄蕊等高，子房有茸毛（图 100.6）。果实三角形，直径 19.32mm，果皮厚 0.56mm。种子球形，重 0.89g，种径中，种皮棕色。结实力强。

秋季 1 芽 3 叶干样茶多酚 14.43%，氨基酸 1.73%，咖啡碱 4.61%，水浸出物 40.85%。

图 100.1　春梢

图 100.2　植株（春）

图 100.3 秋梢

图 100.4 植株（秋）

图 100.5 叶片（秋）

图 100.6 花

类型 29：小叶、披针形、叶色绿

灌木型，树姿半开展，小叶类。

春季新梢芽叶色泽浅绿，1 芽 3 叶长 37.50mm，1 芽 3 叶百芽重 31.0g。芽叶茸毛少，光泽性中，新梢发芽密度稀（图 101.1～图 101.2）。

秋季定型叶叶长 100mm，叶宽 19mm，叶面积 13.30cm^2。叶形披针形，叶片厚 0.27mm，叶色绿，叶面平，叶片呈稍上斜状着生，光泽性中，叶片横切面内折，叶缘波状，叶齿锐度中、密度稀、深度中，叶尖渐尖，叶基楔形（图 101.3～图 101.5）。

花柱裂位高，柱头 3 裂，花柱长 16mm，花丝长 14mm，雌蕊高于雄蕊，子房有茸毛（图 101.6）。果实三角形，直径 22.38mm，果皮厚 0.79mm。种子球形，重 2.00g，种径大，种皮棕色。结实力强。

秋季 1 芽 3 叶干样茶多酚 8.75%，氨基酸 1.50%，咖啡碱 3.22%，水浸出物 36.61%。

图 101.1　春梢

图 101.2　植株（春）

图 101.3 秋梢

图 101.4 植株（秋）

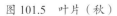

图 101.5 叶片（秋）

图 101.6 花

类型 29-102

灌木型，树姿半开展，小叶类。

春季新梢芽叶色泽浅绿，1 芽 3 叶长 43.00mm，1 芽 3 叶百芽重 18.4g。芽叶茸毛少，光泽性强，新梢发芽密度中（图 102.1～图 102.2）。

秋季定型叶叶长 84mm，叶宽 21mm，叶面积 12.35cm²。叶形披针形，叶片厚 0.26mm，叶色绿，叶面微隆起，叶片呈水平至下垂状着生，光泽性中，叶片横切面内折，叶缘波状，叶齿锐度钝、密度稀、深度浅，叶尖渐尖，叶基楔形（图 102.3～图 102.5）。

花柱裂位高，柱头 3 裂，花柱长 11mm，花丝长 9mm，雌蕊高于雄蕊，子房有茸毛（图 102.6）。果实球形，直径 14.30mm，果皮厚 0.67mm。种子球形，重 1.41g，种径中，种皮褐色。结实力弱。

秋季 1 芽 3 叶干样茶多酚 14.81%，氨基酸 1.27%，咖啡碱 5.03%，水浸出物 44.67%。

图 102.1　春梢

图 102.2　植株（春）

图 102.3　秋梢

图 102.4　植株（秋）

图 102.5　叶片（秋）

图 102.6　花

类型 30：小叶、披针形、叶色黄绿

类型 30-103

灌木型，树姿半开展，小叶类。

春季新梢芽叶色泽黄绿，1 芽 3 叶长 34.00mm，1 芽 3 叶百芽重 38.8g。芽叶茸毛少，光泽性中，新梢发芽密度中（图 103.1～图 103.2）。

秋季定型叶叶长 90mm，叶宽 26mm，叶面积 16.38cm^2。叶形披针形，叶片厚 0.29mm，叶色黄绿，叶面微隆起，叶片呈水平至稍上斜状着生，光泽性强，叶片横切面内折，叶缘平直状，叶齿锐度锐、密度密、深度浅，叶尖急尖，叶基钝形（图 103.3～图 103.5）。

花柱裂位中，柱头 3 裂，花柱长 14mm，花丝长 13mm，雌蕊高于雄蕊，子房有茸毛（图 103.6）。果实三角形，直径 25.02mm，果皮厚 0.75mm。种子球形，重 0.43g，种径大，种皮棕色。结实力强。

秋季 1 芽 3 叶干样茶多酚 12.68%，氨基酸 1.93%，咖啡碱 4.15%，水浸出物 41.46%。

图 103.1　春梢　　　　　　　　图 103.2　植株（春）

图 103.3　秋梢

图 103.4　植株（秋）

图 103.5　叶片（秋）

图 103.6　花

类型 30-104

灌木型，树姿半开展，小叶类。

春季新梢芽叶色泽绿，1 芽 3 叶长 23.00mm，1 芽 3 叶百芽重 54.3g。芽叶茸毛少，光泽性中，新梢发芽密度中（图 104.1～图 104.2）。

秋季定型叶叶长 72mm，叶宽 18mm，叶面积 9.07cm²。叶形披针形，叶片厚 0.31mm，叶色黄绿，叶面平，叶片呈稍上斜状着生，光泽性中，叶片横切面内折，叶缘波状，叶齿锐度中、密度中、深度浅，叶尖渐尖，叶基楔形（图 104.3～图 104.5）。

花柱裂位中，柱头 3 裂，花柱长 11mm，花丝长 11mm，雌雄蕊等高，子房有茸毛（图 104.6）。

秋季 1 芽 3 叶干样茶多酚 9.61%，氨基酸 1.05%，咖啡碱 4.24%，水浸出物 42.79%。

图 104.1　春梢

图 104.2　植株（春）

图 104.3 秋梢

图 104.4 植株（秋）

图 104.5 叶片（秋）

图 104.6 花

类型 30-105

灌木型，树姿半开展，小叶类。

春季新梢芽叶色泽浅绿，1 芽 3 叶长 73.50mm，1 芽 3 叶百芽重 81.8g。芽叶茸毛少，光泽性中，新梢发芽密度稀（图 105.1～图 105.2）。

秋季定型叶叶长 86mm，叶宽 26mm，叶面积 15.65cm^2。叶形披针形，叶片厚 0.32mm，叶色黄绿，叶面平，叶片呈稍上斜状着生，光泽性中，叶片横切面内折，叶缘微波状，叶齿锐度钝、密度稀、深度中，叶尖渐尖，叶基楔形（图 105.3～图 105.5）。

花柱裂位中，柱头 3 裂，花柱长 9mm，花丝长 8mm，雌蕊高于雄蕊，子房有茸毛（图 105.6）。

秋季 1 芽 3 叶干样茶多酚 15.36%，氨基酸 2.06%，咖啡碱 3.81%，水浸出物 42.27%。

图 105.1　春梢

图 105.2　植株（春）

图 105.3 秋梢

图 105.4 植株（秋）

图 105.5 叶片（秋）

图 105.6 花

类型 31：小叶、近圆形、叶色深绿

类型 31-106

灌木型，树姿半开展，小叶类。

春季新梢芽叶色泽紫绿，1 芽 3 叶长 81.60mm，1 芽 3 叶百芽重 58.3g。芽叶茸毛中，光泽性暗，新梢发芽密度中（图 106.1～图 106.2）。

秋季定型叶叶长 66mm，叶宽 38mm，叶面积 17.56cm^2。叶形近圆形，叶片厚 0.37mm，叶色深绿，叶面微隆起，叶片呈水平至稍上斜状着生，光泽性暗，叶片横切面内折，叶缘微波状，叶齿锐度锐、密度密、深度浅，叶尖急尖，叶基钝形（图 106.3～图 106.5）。

果实三角形，直径 23.61mm，果皮厚 0.71mm。种子球形，重 1.30g，种径中，种皮棕褐色。结实力弱。

秋季 1 芽 3 叶干样茶多酚 14.43%，氨基酸 1.86%，咖啡碱 3.39%，水浸出物 49.66%。

图 106.1　春梢

图 106.2　植株（春）

图 106.3　秋梢　　　　　图 106.5　叶片（秋）

图 106.4　植株（秋）

类型 31-107

灌木型，树姿半开展，小叶类。

春季新梢芽叶色泽紫绿，1 芽 3 叶长 66.00mm，1 芽 3 叶百芽重 53.3g。芽叶茸毛多，光泽性强，新梢发芽密度稀（图 107.1～图 107.2）。

秋季定型叶叶长 67mm，叶宽 37mm，叶面积 17.35cm²。叶形近圆形，叶片厚 0.23mm，叶色深绿，叶面平，叶片呈水平至下垂状着生，光泽性暗，叶片横切面平，叶缘微波状，叶齿锐度锐、密度中、深度浅，叶尖急尖，叶基钝形（图 107.3～图 107.5）。

花柱裂位中，柱头 3 裂，花柱长 11mm，花丝长 11mm，雌雄蕊等高，子房有茸毛（图 107.6）。

秋季 1 芽 3 叶干样茶多酚 14.24%，氨基酸 1.41%，咖啡碱 4.67%，水浸出物 42.59%。

图 107.1　春梢　　　　　　　　　　　　图 107.2　植株（春）

图 107.3 秋梢

图 107.4 植株（秋）

图 107.5 叶片（秋）

图 107.6 花

类型 32：小叶、近圆形、叶色浅绿

类型 32-108

灌木型，树姿半开展，小叶类。

春季新梢芽叶色泽浅绿，1 芽 3 叶长 26.00mm，1 芽 3 叶百芽重 20.3g。芽叶茸毛少，光泽性强，新梢发芽密度中（图 108.1～图 108.2）。

秋季定型叶叶长 56mm，叶宽 28mm，叶面积 10.98cm^2。叶形近圆形，叶片厚 0.30mm，叶色浅绿，叶面平，叶片呈稍上斜状着生，光泽性暗，叶片横切面内折，叶缘平直状，叶齿锐度中、密度密、深度浅，叶尖渐尖至急尖，叶基楔形至钝形（图 108.3～图 108.5）。

花柱裂位中，柱头 3 裂，花柱长 12mm，花丝长 11mm，雌蕊高于雄蕊，子房有茸毛（图 108.6）。果实三角形，直径 22.68mm，果皮厚 0.52mm。种子球形，重 1.67g，种径中，种皮棕色。结实力强。

秋季 1 芽 3 叶干样茶多酚 15.50%，氨基酸 1.51%，咖啡碱 4.84%，水浸出物 42.80%。

图 108.1　春梢

图 108.2　植株（春）

图 108.3　秋梢

图 108.4　植株（秋）

图 108.5　叶片（秋）

图 108.6　花

类型 32-109

灌木型，树姿半开展，小叶类。

春季新梢芽叶色泽黄绿，1 芽 3 叶长 51.50mm，1 芽 3 叶百芽重 49.5g。芽叶茸毛中，光泽性强，新梢发芽密度中（图 109.1～图 109.2）。

秋季定型叶叶长 30mm，叶宽 15mm，叶面积 3.15cm²。叶形近圆形，叶片厚 0.22mm，叶色浅绿，叶面平，叶片呈水平至稍上斜状着生，光泽性中，叶片横切面平至内折，叶缘平直状，叶齿锐度中、密度中、深度浅，叶尖钝尖，叶基钝形（图 109.3～图 109.5）。

花柱裂位高，柱头 3 裂，花柱长 17mm，花丝长 12mm，雌蕊高于雄蕊，子房有茸毛（图 109.6）。

秋季 1 芽 3 叶干样茶多酚 21.75%，氨基酸 1.15%，咖啡碱 4.19%，水浸出物 38.42%。

图 109.1　春梢

图 109.2　植株（春）

图 109.3　秋梢

图 109.4　植株（秋）

图 109.5　叶片（秋）

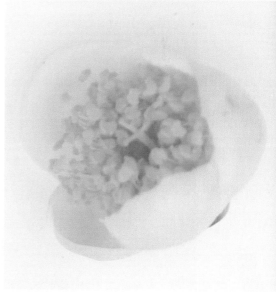

图 109.6　花

类型 33：小叶、近圆形、叶色绿

类型 33-110

灌木型，树姿半开展，小叶类。

春季新梢芽叶色泽黄绿，1 芽 3 叶长 25.25mm，1 芽 3 叶百芽重 34.5g。芽叶茸毛中，光泽性中，新梢发芽密度中（图 110.1～图 110.2）。

秋季定型叶叶长 60mm，叶宽 33mm，叶面积 13.86cm^2。叶形近圆形，叶片厚 0.25mm，叶色绿，叶面隆起，叶片呈稍上斜状着生，光泽性暗，叶片横切面稍背卷，叶缘波状，叶齿锐度锐、密度密、深度中，叶尖急尖至钝尖，叶基钝形（图 110.3～图 110.5）。

花柱裂位低，柱头 3 裂，花柱长 12mm，花丝长 12mm，雌雄蕊等高，子房有茸毛（图 110.6）。果实肾形，直径 19.24mm，果皮厚 0.67mm。种子球形，重 1.18g，种径中，种皮棕色。结实力弱。

秋季 1 芽 3 叶干样茶多酚 13.45%，氨基酸 1.96%，咖啡碱 2.76%，水浸出物 42.94%。

图 110.1　春梢

图 110.2　植株（春）

图 110.3　秋梢

图 110.4　植株（秋）

图 110.5　叶片（秋）

图 110.6　花

类型 33-111

灌木型，树姿半开展，小叶类。

春季新梢芽叶色泽黄绿，1 芽 3 叶长 39.50mm，1 芽 3 叶百芽重 46.5g。芽叶茸毛中，光泽性中，新梢发芽密度密（图 111.1～图 111.2）。

秋季定型叶叶长 71mm，叶宽 40mm，叶面积 19.88cm^2。叶形近圆形，叶片厚 0.38mm，叶色绿，叶面平，叶片呈稍上斜至上斜状着生，光泽性中，叶片横切面平，叶缘平直状，叶齿锐度中、密度密、深度浅，叶尖急尖至钝尖，叶基钝形至近圆形（图 111.3～图 111.5）。

花柱裂位高，柱头 3 裂，花柱长 10mm，花丝长 13mm，雌蕊低于雄蕊，子房有茸毛（图 111.6）。果实三角形，直径 16.78mm，果皮厚 0.54mm。种子球形，重 0.56g，种径小，种皮棕色。结实力弱。

秋季 1 芽 3 叶干样茶多酚 17.60%，氨基酸 1.40%，咖啡碱 3.62%，水浸出物 43.95%。

图 111.1 春梢

图 111.2 植株（春）

图 111.3　秋梢

图 111.4　植株（秋）

图 111.5　叶片（秋）

图 111.6　花

类型 33-112

灌木型，树姿半开展，小叶类。

春季新梢芽叶色泽浅绿，1 芽 3 叶长 95.00mm，1 芽 3 叶百芽重 130.5g。芽叶茸毛中，光泽性强，新梢发芽密度稀（图 112.1～图 112.2）。

秋季定型叶叶长 72mm，叶宽 39mm，叶面积 19.66cm^2。叶形近圆形，叶片厚 0.34mm，叶色绿，叶面平，叶片呈水平至稍上斜状着生，光泽性暗，叶片横切面平至内折，叶缘平直状，叶齿锐度中、密度密、深度浅，叶尖急尖，叶基钝形（图 112.3～图 112.5）。

花柱裂位高，柱头 3 裂，花柱长 11mm，花丝长 11mm，雌雄蕊等高，子房有茸毛（图 112.6）。果实三角形，直径 19.02mm，果皮厚 0.56mm。结实力弱。

秋季 1 芽 3 叶干样茶多酚 18.21%，氨基酸 2.88%，咖啡碱 4.26%，水浸出物 38.71%。

图 112.1　春梢

图 112.2　植株（春）

图 112.3 秋梢

图 112.4 植株（秋）

图 112.5 叶片（秋）

图 112.6 花

类型 33-113

灌木型，树姿半开展，小叶类。

春季新梢芽叶色泽黄绿，1 芽 3 叶长 25.25mm，1 芽 3 叶百芽重 30.3g。芽叶茸毛中，光泽性强，新梢发芽密度中（图 113.1～图 113.2）。

秋季定型叶叶长 49mm，叶宽 29mm，叶面积 9.95cm^2。叶形近圆形，叶片厚 0.27mm，叶色绿，叶面微隆起，叶片呈稍上斜状着生，光泽性强，叶片横切面稍背卷，叶缘平直状，叶齿锐度锐、密度密、深度浅，叶尖急尖至钝尖，叶基钝形（图 113.3～图 113.5）。

花柱裂位中，柱头 3 裂，花柱长 12mm，花丝长 12mm，雌雄蕊等高，子房有茸毛（图 113.6）。果实三角形，直径 16.72mm，果皮厚 1.11mm。种子球形，重 0.33g，种径中，种皮褐色。结实力弱。

秋季 1 芽 3 叶干样茶多酚 13.23%，氨基酸 1.12%，咖啡碱 2.32%，水浸出物 44.43%。

图 113.1　春梢　　　　　　　　　　图 113.2　植株（春）

图 113.3 秋梢

图 113.4 植株（秋）

图 113.5 叶片（秋）

图 113.6 花

类型 34：小叶、近圆形、叶色黄绿

类型 34-114

灌木型，树姿半开展，小叶类。

春季新梢芽叶色泽浅绿，1 芽 3 叶长 85.00mm，1 芽 3 叶百芽重 75.5g。芽叶茸毛中，光泽性强，新梢发芽密度密（图 114.1～图 114.2）。

秋季定型叶叶长 69mm，叶宽 39mm，叶面积 18.84cm^2。叶形近圆形，叶片厚 0.22mm，叶色黄绿，叶面隆起，叶片呈稍上斜状着生，光泽性中，叶片横切面平，叶缘微波状，叶齿锐度中、密度中、深度浅，叶尖急尖至钝尖，叶基钝形（图 114.3～图 114.5）。

花柱裂位中，柱头 3 裂，花柱长 10mm，花丝长 12mm，雌蕊高于雄蕊，子房有茸毛（图 114.6）。果实三角形，直径 20.22mm，果皮厚 0.60mm。种子球形，重 0.65g，种径小，种皮褐色。结实力中。

秋季 1 芽 3 叶干样茶多酚 12.64%，氨基酸 2.40%，咖啡碱 3.33%，水浸出物 41.09%。

图 114.1　春梢　　　　　　　　　　图 114.2　植株（春）

图 114.3 秋梢

图 114.4 植株（秋）

图 114.5 叶片（秋）

图 114.6 花

类型 34-115

灌木型，树姿半开展，小叶类。

春季新梢芽叶色泽黄绿，1 芽 3 叶长 31.25mm，1 芽 3 叶百芽重 23.8g。芽叶茸毛中，光泽性中，新梢发芽密度密（图 115.1～图 115.2）。

秋季定型叶叶长 57mm，叶宽 34mm，叶面积 13.57cm^2。叶形近圆形，叶片厚 0.27mm，叶色黄绿，叶面平，叶片呈上斜状着生，光泽性中，叶片横切面内折，叶缘平直状，叶齿锐度中、密度密、深度浅，叶尖急尖至钝尖，叶基近圆形（图 115.3～图 115.5）。

花柱裂位高，柱头 3 裂，花柱长 13mm，花丝长 11mm，雌蕊高于雄蕊，子房有茸毛（图 115.6）。果实肾形，直径 31.58mm，果皮厚 4.52mm。种子球形，重 1.43g，种径大，种皮棕色。结实力弱。

秋季 1 芽 3 叶干样茶多酚 15.24%，氨基酸 2.37%，咖啡碱 3.09%，水浸出物 42.67%。

图 115.1　春梢

图 115.2　植株（春）

图 115.3　秋梢

图 115.5　叶片（秋）

图 115.4　植株（秋）

图 115.6　花

类型 34-116

灌木型，树姿半开展，小叶类。

春季新梢芽叶色泽黄绿，1 芽 3 叶长 23.25mm，1 芽 3 叶百芽重 24.5g。芽叶茸毛中，光泽性中，新梢发芽密度中（图 116.1～图 116.2）。

秋季定型叶叶长 60mm，叶宽 33mm，叶面积 13.86cm²。叶形近圆形，叶片厚 0.18mm，叶色黄绿，叶面微隆起，叶片呈水平至稍上斜状着生，光泽性中，叶片横切面内折，叶缘平直状，叶齿锐度锐、密度密、深度浅，叶尖急尖，叶基钝形至近圆形（图 116.3～图 116.5）。

花柱裂位低，柱头 3 裂，花柱长 7mm，花丝长 6mm，雌蕊高于雄蕊，子房有茸毛（图 116.6）。

秋季 1 芽 3 叶干样茶多酚 11.23%，氨基酸 1.96%，咖啡碱 2.32%，水浸出物 36.25%。

图 116.1　春梢

图 116.2　植株（春）

图 116.3　秋梢

图 116.5　叶片（秋）

图 116.4　植株（秋）

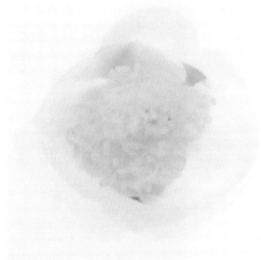

图 116.6　花

类型35：小叶、卵圆形、叶色黄绿

类型35-117

　　灌木型，树姿半开展，小叶类。

　　春季新梢芽叶色泽浅绿，1芽3叶长25.00mm，1芽3叶百芽重30.3g。芽叶茸毛少，光泽性中，新梢发芽密度密（图117.1～图117.2）。

　　秋季定型叶叶长64mm，叶宽35mm，叶面积15.68cm²。叶形卵圆形，叶片厚0.28mm，叶色黄绿，叶面平，叶片呈稍上斜状着生，光泽性中，叶片横切面内折，叶缘平直状，叶齿锐度锐、密度中、深度浅，叶尖急尖，叶基楔形至钝形（图117.3～图117.5）。

　　花柱裂位中，柱头3裂，花柱长11mm，花丝长12mm，雌蕊低于雄蕊，子房有茸毛（图117.6）。果实三角形，直径17.75mm，果皮厚度1.40mm。种子球形，重0.65g，种径小，种皮褐色。结实力强。

　　秋季1芽3叶干样茶多酚17.19%，氨基酸0.97%，咖啡碱2.80%，水浸出物51.28%。

图117.1　春梢

图117.2　植株（春）

图 117.3　秋梢

图 117.4　植株（秋）

图 117.5　叶片（秋）

图 117.6　花

类型 35-118

灌木型，树姿半开展，小叶类。

春季新梢芽叶色泽黄绿，1 芽 3 叶长 22.00mm，1 芽 3 叶百芽重 33.3g。芽叶茸毛中，光泽性中，新梢发芽密度稀（图 118.1～图 118.2）。

秋季定型叶叶长 50mm，叶宽 33mm，叶面积 11.55cm^2。叶形卵圆形，叶片厚 0.35mm，叶色黄绿，叶面微隆起，叶片呈稍上斜状着生，光泽性中，叶片横切面内折，叶缘平直状，叶齿锐度中、密度密、深度浅，叶尖钝尖，叶基近圆形（图 118.3～图 118.5）。

花柱裂位中，柱头 3 裂，花柱长 8mm，花丝长 9mm，雌蕊低于雄蕊，子房有茸毛（图 118.6）。果实球形，直径 14.83mm，果皮厚 0.63mm。种子球形，重 0.77g，种径小，种皮棕色。结实力弱。

秋季 1 芽 3 叶干样茶多酚 14.12%，氨基酸 1.48%，咖啡碱 3.04%，水浸出物 39.16%。

图 118.1　春梢

图 118.2　植株（春）

图 118.3 秋梢

图 118.4 植株（秋）

图 118.5 叶片（秋）

图 118.6 花

类型 36：小叶、卵圆形、叶色浅绿

类型 36-119

灌木型，树姿半开展，小叶类。

春季新梢芽叶色泽绿，1 芽 3 叶长 67.04mm，1 芽 3 叶百芽重 57.4g。芽叶茸毛中，光泽性中，新梢发芽密度中（图 119.1～图 119.2）。

秋季定型叶叶长 61mm，叶宽 40mm，叶面积 17.08cm²。叶形卵圆形，叶片厚 0.44mm，叶色浅绿，叶面平，叶片呈水平至稍上斜状着生，光泽性中，叶片横切面内折，叶缘平直状，叶齿锐度中、密度稀、深度浅，叶尖钝尖，叶基钝形（图 119.3～图 119.5）。

花柱裂位高，柱头 3 裂，花柱长 9mm，花丝长 9mm，雌雄蕊等高，子房有茸毛（图 119.6）。种子球形，重 1.10g，种径大，种皮棕色。结实力弱。

秋季 1 芽 3 叶干样茶多酚 18.08%，氨基酸 1.39%，咖啡碱 3.52%，水浸出物 44.27%。

图 119.1　春梢　　　　　　　　　　图 119.2　植株（春）

图 119.3　秋梢

图 119.4　植株（秋）

图 119.5　叶片（秋）

图 119.6　花

附图　茶树树型、新梢、成熟叶片和花的表型特征

（1）树型：乔木

（2）树型：小乔木

（3）树型：灌木

（4）新梢：芽叶玉白色

（5）新梢：芽叶黄色

（6）新梢：芽叶黄绿色

（7）新梢：芽叶浅绿色

（8）新梢：芽叶绿色

（9）新梢：芽叶紫绿色

（10）成熟叶片：特大叶，叶形近圆形，叶色深绿，上表面隆起，先端钝尖（红框），基部圆形（蓝框）

（11）成熟叶片：小叶，先端钝尖（红框），横切面内折，上表面平

（12）成熟叶片：小叶，叶色深绿，叶形近圆形（瓜子形，最宽处在叶的上部），先端钝尖（红框），基部钝形（蓝框）

（13）成熟叶片：叶色黄绿，叶齿钝、深（黑框），基部钝形（蓝框），先端急尖

（14）成熟叶片：叶形长椭圆形（最宽处在叶的中部），叶色浅绿，先端渐尖

（15）成熟叶片：叶色黄绿，叶形椭圆形，上表面隆起，先端急尖（红框）

（16）成熟叶片：叶色浅绿，叶形长椭圆形，叶面光泽性强，先端渐尖（红框），基部楔形（蓝框）

（17）成熟叶片：叶形披针形（柳叶形），叶齿钝、稀、浅（黑框）

（18）成熟叶片：叶色绿，叶形椭圆形（最宽处在叶的上部），叶齿深

（19）成熟叶片：横切面平，叶色黄绿，基部钝形（蓝框）

（20）成熟叶片：叶形长椭圆形，横切面稍背卷

（21）成熟叶片：叶形披针形（柳叶形），叶齿钝、稀、深（黑框），先端渐尖（红框）

（22）成熟叶片：叶色绿，叶形椭圆形（最宽处在叶的中部），先端急尖（红框），基部近圆形（蓝框）

（24）成熟叶片：叶色黄绿，叶齿锐、密、深，先端钝尖（红框），基部近圆形（蓝框）

（25）成熟叶片：叶色绿，叶面光泽性强，先端钝尖（红框）

（23）成熟叶片：叶色黄绿，叶缘波状（黑框）

（26）成熟叶片：叶缘波状（黑框），先端渐尖（红框），横切面内折，基部楔形（蓝框）

（27）成熟叶片：叶色深绿，上表面隆起，叶齿钝、稀、浅（黑框）

（28）成熟叶片：叶片下垂着生，横切面稍背卷，上表面隆起

（29）成熟叶片：叶片水平着生，横切面内折，叶面光泽性强

（30）成熟叶片：横切面内折，叶缘波状（黑框），叶质硬，叶齿深、密

（31）成熟叶片：叶形椭圆形，横切面内折，上表面平

（32）成熟叶片：叶色绿，上斜着生（黑框），上表面平

（33）成熟叶片：叶色黄绿，上表面隆起，叶缘微波状，叶齿锐、密、深，叶片稍上斜着生

（34）成熟叶片：叶形近圆形，横切面内折，先端急尖至钝尖，叶基近圆形

（35）花：花瓣白色、覆瓦状排列，柱头3裂，雌雄蕊等高

（36）花：花瓣淡红，萼片紫红

（37）花：花瓣覆瓦状排列，柱头3裂、裂位高，雌蕊高于雄蕊

（38）花：柱头裂位高，雌雄蕊等高

附图　茶树树型、新梢、成熟叶片和花表型特征（江昌俊，2020）

主要参考文献

陈亮，杨亚军，虞富莲，等．2005．茶树种质资源描述规范和数据标准［M］．北京：中国农业出版社．

陈文怀．1964．中国茶树品种演化和分类的商榷［J］．园艺学报，3（2）：191-198．

湖南农学院．1980．茶树育种学［M］．北京：农业出版社．

江昌俊．2020．茶树育种学［M］．第三版．北京：中国农业出版社．

江昌俊，胡歆，纪晓明，等．2018．陕西茶树地方种质资源图集［M］．北京：科学出版社．

刘龙昌．2010．关于栽培植物的命名问题［J］．生物学通报，45（4）：13-17．

农业部．2012．农业植物品种命名规定［J］．司法业务文选，13：5-6．

农业部种植业管理司．2011．农作物优异种质资源评价规范　茶树：NY/T 2031—2011［S］．北京：中国农业出版社．

潘宇婷．2019．河南地方茶树种质资源遗传多样性及亲缘关系分析［D］．安徽农业大学硕士学位论文．

杨亚军，梁月荣．2014．中国无性系茶树品种志［M］．北京：中国农业出版社．

《中国茶树品种志》编写委员会．2001．中国茶树品种志［M］．上海：上海科学技术出版社．

中国种业大数据平台．http://202.127.42.145．

中国作物种质信息网．http://www.cgris.net.cn．

中华全国供销社合作总社．2013．茶　水浸出物测定：GB/T 8305—2013［S］．北京：中国标准出版社．

中华全国供销社合作总社．2013．茶　游离氨基酸总量的测定：GB/T 8314—2013［S］．北京：中国标准出版社．

中华全国供销社合作总社．2013．茶　咖啡碱测定：GB/T 8312—2013［S］．北京：中国标准出版社．

中华全国供销社合作总社．2018．茶叶中茶多酚和儿茶素类含量的检测方法：GB/T 8313—2018［S］．北京：中国标准出版社．